Das denkt dein Hund

Praktische Psychologie für Hundeversteher

Hannah Molloy

DK London
Lektorat Andrea Page, Alastair Laing, Kiron Gill,
Dawn Henderson, Mary-Clare Jerram
Gestaltung und Bildredaktion Alison Gardner,
Saffron Stocker, Marianne Markham, Maxine Pedliham
Umschlaggestaltung Saffron Stocker, Lucy Philpott
Herstellung Tony Phipps, Rebecca Parton
Illustrationen Mark Scheibmayr

Für die deutsche Ausgabe:
Programmleitung Monika Schlitzer
Redaktionsleitung Dr. Kerstin Schlieker
Herstellungsleitung Dorothee Whittaker
Herstellungskoordination Claudia Rode
Herstellung Sabine Hüttenkofer

Titel der englischen Originalausgabe:
What's My Dog Thinking?

Übersetzung Michael Kokoscha
Lektorat Dr. Ruthild Kropp

ISBN 978-3-8310-4185-5

Druck und Bindung Leo Paper Products, China

MIX
Papier aus verantwor-
tungsvollen Quellen
FSC® C020056

www.dk-verlag.de

Hinweis
Die Informationen und Ratschläge in diesem Buch
sind von den Autoren und vom Verlag sorgfältig
erwogen und geprüft, dennoch kann eine Garantie
nicht übernommen werden.
Eine Haftung der Autoren bzw. des Verlags und
seiner Beauftragten für Personen-, Sach- und
Vermögensschäden ist ausgeschlossen.

Inhalt

Vorwort

Ich bin schon mein ganzes Leben lang ein Hundenarr. Als Baby bin ich von einem Hund aus dem Tierheim ins Gesicht gebissen worden, doch ich habe nicht geweint. In meiner Familie sagt man, dass ich seitdem die Faszination für Hunde im Blut habe. Im Alter von neun Jahren habe ich begonnen, als Hundesitter zu arbeiten, und als ich zwölf war, hatte ich mir meinen ersten Hund verdient – einen Cavalier King Charles Spaniel namens Beano.

Seit über 15 Jahren arbeite ich professionell mit Hunden. Ich habe über 10 000 Tiere trainiert – und genauso viele Hundehalter. Nach einem Abschluss in Verhaltensforschung wurde ich zur qualifizierten Hundeverhaltensforscherin. Meine Schwerpunkte sind die Kommunikation unter Hunden und unser Wissen über sie. Als ich erfahren hatte, dass Hunde Krebs riechen können, explodierte meine Hundeliebe geradezu. Doch trotz dieser unglaublichen Fähigkeiten schlagen Menschen Hunden immer noch auf die Nase, packen sie zur Disziplinierung an der Kehle und drücken sie zu Boden. Doch Hunde sind empfindsam und leicht zu trainieren, wenn wir uns die Zeit nehmen, sie zu beobachten und zu verstehen.

Wenn Sie beginnen, die Körpersprache der Hunde zu verstehen, werden Sie sie niemals wieder vergessen. Nach der Lektüre dieses Buches werden Sie täglich Hundegespräche belauschen. Ich hoffe, dass diese Fähigkeit es Ihnen ermöglicht, ihren Hund auf eine ganz neue Weise zu lieben und von ihm zu lernen. Alles, was wir vor 20 Jahren über das Hundeverhalten zu wissen glaubten, hat sich sehr verändert, und in der Zukunft werden wir noch viel Neues erfahren. Und obwohl dieses Buch eine aktuelle Sammlung des Wissens der besten Hundekenner der Welt ist, werde ich niemals aufhören mich zu fragen: „Was denkt mein Hund?"

Versuche, wie ein Hund zu denken

Um herauszufinden, was Ihr Hund möchte, müssen Sie lernen, wie Hunde denken – insbesondere, wie sie kommunizieren, wie sie die Welt wahrnehmen und welche Prozesse ihr Verhalten bestimmen.

Wie Hunde sich mitteilen

Hunde sprechen durch ihre Haltung, ihre Bewegungen, ihre Laute und Gerüche ständig mit uns und ihren Artgenossen – ob wir es wahrnehmen oder nicht! Um zu verstehen, was Ihr Hund denkt, sollten Sie zuerst die Hinweise aus seiner Körperhaltung und seinen Lauten erkennen und die Welt der Gerüche entdecken.

Was sagt uns die Körperhaltung des Hundes?

Wir Hundeversteher beobachten, wie ein Hund steht, was sein Schwanz tut, wie Augen, Ohren und Maul aussehen und vieles mehr. Jeder Teil des Körpers ist ein Buchstabe der Körpersprache. Zusammen bilden sie eine Körperhaltung – ein „Wort" – oder einen Schnappschuss dessen, was ein Hund in diesem Moment sagen will. Eine flüssige Abfolge dieser Haltungen ergibt den vollständigen „Satz". Dieses Buch ist voller Beispiele, deren Analyse Ihnen hilft, Ihren Hund zu verstehen. Die Für-Fortgeschrittene-Doppelseiten werden Ihnen bei der Bewältigung komplizierterer Sätze helfen. Sie sollten mit der Beobachtung einzelner Körperteile beginnen, ohne sofort eine Analyse zu starten. Jede Bewegung ist Teil einer größeren Geschichte.

Körper
Ist der Körper locker oder steif? Ist die Haltung aufrecht oder geduckt? Ist das Gewicht nach vorn oder hinten verlagert oder ist es neutral? Aufgerichtete Haare können Spannung verraten. Vermeiden Sie Vermutungen. So kann ein Hund, der sich auf den Rücken gerollt hat, freundlich oder ängstlich sein (siehe S. 32–33).

Ohren
Ohrenpositionen verraten die Gedanken des Hundes. Bei nach vorn gerichteten Ohren ist auch die Aufmerksamkeit nach vorn gerichtet. Nach hinten gerichtete Ohren bedeuten, dass sich der Hund nach hinten bewegen will. Ist ein Ohr nach vorn und das andere nach hinten gerichtet, achtet der Hund auf zwei Schallquellen, während angelegte, seitlich gerichtete Ohren zeigen, dass der Hund seine Umgebung oder einen Gegenstand bewacht.

Gesicht
Ist die Gesichtsmuskulatur locker oder angespannt? Ist die Stirn durch Anspannung gerunzelt?

Augen

Sind die Augen „hart" und rund oder „weich" und mandelförmig? Blinzeln oder starren sie? Sind die Pupillen groß oder klein? Können Sie das Weiße im Auge sehen? Worauf sind die Augen fokussiert?

Maul

Ist das Maul offen und hechelt der Hund oder ist es geschlossen? Wie weit ist die Zunge herausgestreckt und ist sie spatelförmig (am Ende breiter)? Können Sie entblößte Zähne sehen?

Zeigt der Hund sie durch Zurückziehen der Lippen, warnt er Sie, dass er mehr Raum haben möchte.

Schwanz

Schwanzwedeln bedeutet nicht immer Freude. Der Schwanz hat verschiedene Funktionen, darunter die der Kommunikation. Wenn er zwischen die Beine geklemmt ist oder der Hund sich hinsetzt, kann das Angst signalisieren. Beachten Sie die Stellung, die Spannung und die Geschwindigkeit des Schwanzes (siehe S. 18–19).

Der gesamte Hund

Was auch immer seine Merkmale sind – betrachten Sie Ihren Hund als Ganzes von der Nase bis zum Schwanz.

Fortsetzung »

Kommunikation mit dem Geruchssinn

Hunde erfahren die Welt ganz anders als Menschen, da ihr wichtigster Sinn der Geruchssinn ist – sie riechen, bevor sie sehen. Im Vergleich zur gesamten Gehirngröße ist ihr für das Riechen zuständige Bereich 40-mal größer als unserer. Hunde haben bis zu 300 Millionen Geruchsrezeptoren in der Nase im Vergleich zu unseren sechs Millionen – sie können einen Teelöffel Zucker in der Wassermenge zweier olympischer Schwimmbecken entdecken! Die Hundenasenlöcher lassen die Luft ständig zirkulieren, und Hunde riechen unabhängig durch jedes Nasenloch, sodass sie die Richtung einer Geruchsquelle gut erkennen können.

Pheromone

Ein großer Teil der Hundekommunikation beruht auf der Fähigkeit, Pheromone zu erkennen. Das sind chemische Botenstoffe, die eine Reaktion bei anderen Angehörigen der gleichen

Pheromone abgeben und erkennen

Das Jacobson-Organ entdeckt Pheromone in Geruchsstoffen. Der Hund kann die Nasenlöcher weiten, flehmen oder mit den Zähnen klappern, um sie aufzunehmen. Die Zunge befördert Partikel zu einer Papille hinter den Schneidezähnen. Nerven befördern Erregungen vom Jacobson-Organ zum Nebenriechkolben, der sie zum Gehirn weiterleitet, wo sie eine Reaktion auslösen.

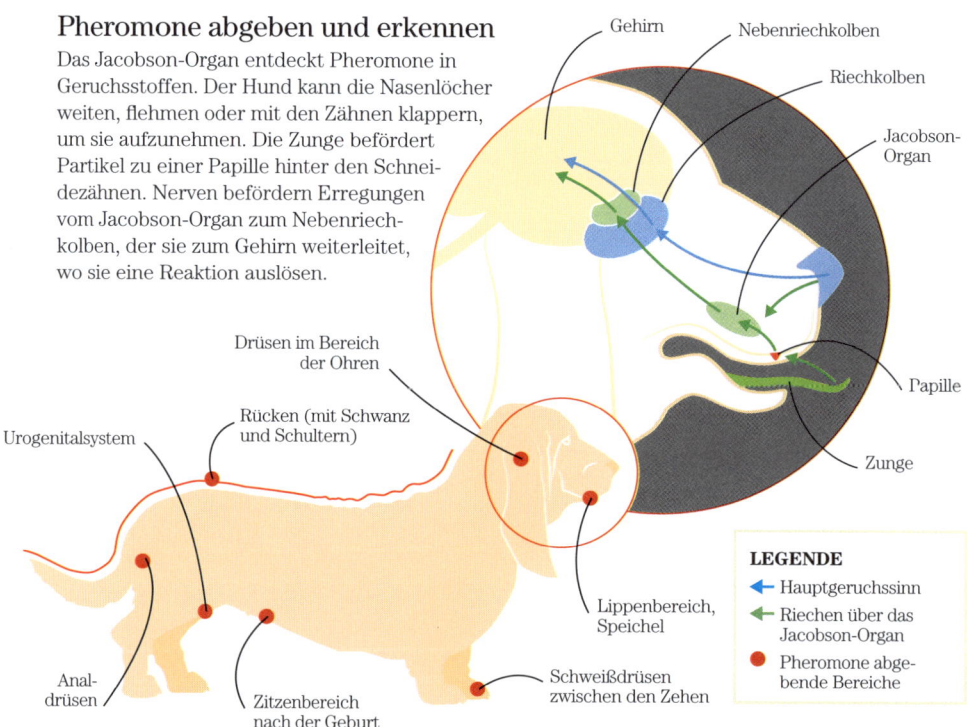

Gehirn
Nebenriechkolben
Riechkolben
Jacobson-Organ
Papille
Zunge

Drüsen im Bereich der Ohren
Rücken (mit Schwanz und Schultern)
Urogenitalsystem
Analdrüsen
Zitzenbereich nach der Geburt
Lippenbereich, Speichel
Schweißdrüsen zwischen den Zehen

LEGENDE
← Hauptgeruchssinn
← Riechen über das Jacobson-Organ
● Pheromone abgebende Bereiche

Art hervorrufen können. Sie werden von über den Körper verteilten Drüsen abgegeben und verraten Alter, Geschlecht, Reproduktionsstatus, Gesundheit, emotionales Befinden und mehr. Hunde erlangen diese Informationen über ein weiteres olfaktorisches System, das Jacobson-Organ im Gaumendach. Zudem verteilen sie mit dem Schwanzwedeln Geruchsbotschaften.

Ihr erstaunlicher Geruchssinn erlaubt selbst eine Kommunikation über Entfernungen – die Fäkalien geben Auskunft über Nahrung, Stimmung, Verweildauer und Laufrichtung. Wenn Ihr Hund schnüffelt und leckt, kann er Beute riechen oder Urin mit dem Jacobson-Organ analysieren. Wenn er zum Pinkeln anhält, beschäftigt er sich auch mit seinen sozialen Medien.

Kommunikation mit Lauten

Hunde geben Laute bei Fragen, Problemen, Bitten, Warnungen und Begrüßungen ab. Die folgenden Punkte können klären, was Ihnen Ihr Hund sagen möchte:

Was ist der Zusammenhang?
Was ist geschehen, bevor der Hund reagiert hat? Was will der Hund wohl erreichen?

Wie hoch ist der Laut?
- **Hoher Laut**: Hohe Laute sollen Ihre Aufmerksamkeit wecken.
- **Tiefer Laut**: Warnlaute hören sich oft gutural oder tief an.
- **Wechselnde Tonhöhe**: Hoch zu tief und wieder tief zu hoch steht für ein „Schwätzen", das Sie beschwichtigen soll und auch Fragen ausdrücken kann.

Welche Art von Laut?
- **Ein Bellen** ist der klassische Alarm- oder „Was ist das?"-Laut.
- **Mehrmaliges Bellen**: Je öfter Ihr Hund bellt, desto wichtiger ist es für ihn – auch wenn es nur um einen unter dem Sofa liegenden Ball geht.
- **Knurrendes Bellen**: Das kann ein frustriertes Alarmbellen, aber auch (Körpersprache beachten!) eine Einladung zum Spiel sein.
- **Quietschen** kann Furcht, Freude oder Überraschung signalisieren.
- **Winseln** ist ein bettelnder Laut: Ihr Hund möchte irgendetwas.
- **Heulen** ist der Versuch, eine soziale Bindung aufzubauen.
- **„Wuff", „Wau" oder „Wuh"**: Der Klang unterscheidet sich von Hund zu Hund und hängt von der Form des Mauls ab.

Hunderassen

Hund leben seit Jahrtausenden an unserer Seite, auch wenn die meisten heutigen Rassen während der letzten beiden Jahrhunderte gezüchtet wurden. Heute gibt es über 350 Hunderassen sowie zahllose Mischlinge! Es ist wichtig, die Auswirkungen der Rassenzugehörigkeit auf die Art und Weise zu verstehen, wie Hunde denken, sich verhalten und ihre Körpersprache einsetzen.

Zu welcher Rassengruppe gehört Ihr Hund?

Jeder Hund besitzt das Erbgut einer Rassengruppe. Tausende von Jahren lang haben Menschen Hunde für bestimmte Aufgaben gezüchtet – ihre Häuser zu bewachen, Nahrung zu finden oder zu jagen und Schädlinge zu bekämpfen. Heute zählt allerdings oft eher das Aussehen. Doch der in den Genen angelegte „Job" spielt immer noch eine Rolle. Wenn Hunde aufgeregt oder gestresst sind, tun sie das, was ihrer Rassengruppe entspricht. Wenn wir darauf keine Rücksicht nehmen, wird uns das Verhalten der Hunde verwirren oder verärgern, und wir können es leicht missverstehen (S. 24–25). Die Einteilung der Rassen unterscheiden sich von Land zu Land, doch alle entsprechen grob den sieben Gruppen auf der nächsten Seite.

Apportieren
Viele Jagdhunde sind darauf gezüchtet, Wild oder Vögel zu finden und zu apportieren... sogar im Wasser!

Rassengruppen

Hütehunde

Hütehunde sind intelligente Teamplayer, die schnell lernen. Sie benötigen zwei Stunden Problemlösung pro Tag – auch, wenn es nur um ein Ballspiel geht – und sie können schwierige soziale Situationen beherrschen.

Beliebte Rassen: Australian Shepherd, Belgischer Schäferhund, Border Collie, Shetland Sheepdog

Spitze, ursprüngliche Hunde

Die ursprünglichen Hunde haben ein ausgeprägtes Sozialverhalten, sind intelligent, stark und lieben das Jagen, Bewachen und Ziehen. Mit ihrer wolfsähnlichen Unabhängigkeit nehmen diese Hunde Sie nicht ernst, wenn Sie sie bemuttern.

Beliebte Rassen: Akita, Alaskan Malamute, Shiba Inu, Siberian Husky

Terrier

Terrier sind frech, schnell, clever, oft laut und jagen und beißen alles, was läuft. Sie stürzen sich auf Probleme und haben die niedrigste Frustrationstoleranz aller Rassengruppen.

Beliebte Rassen: Airedale Terrier, Border Terrier, Cairn Terrier, Jack Russell Terrier, Staffordshire Bullterrier

Jagdhunde

Jagdhund sind clever, möchten gelobt werden und sind gut darin, Dinge zu finden und zu apportieren. Ob die jeweilige Rasse Wasser, Wälder oder langes Gras bevorzugt – ihre Energie ist meistens grenzenlos!

Beliebte Rassen: English Springer Spaniel, Deutsch Kurzhaar, Golden Retriever, Magyar Vizsla, Labrador Retriever, Weimaraner

Wachhunde

Wachhunde sind intelligente, unabhängige Problemlöser, die ihre Umgebung kontrollieren wollen. Sie sind loyal, unerschrocken und als erwachsene Tiere neuen Dingen gegenüber skeptisch. Einige Rassen dieser Gruppe benötigen täglich viel geistige und körperliche Beschäftigung.

Beliebte Rassen: Dobermann, Deutscher Schäferhund (auch als Hütehund einzusetzen), Mastiff, Rottweiler

Lauf- und Windhunde

Laufhunde jagen nach Sicht oder Geruch und arbeiten oft in Gruppen zusammen. Sie entdecken mit ihren Fähigkeiten interessante Dinge – ob Sie dabei sind oder nicht!

Beliebte Rassen: Beagle, Basset Hound, Greyhound, Saluki, Whippet

Gesellschaftshunde

Diese Rassen sind oft Miniversionen anderer Rassen mit ähnlichen Eigenschaften, obwohl die halbe Größe nicht unbedingt die halbe Leistung bedeutet! Bestimmte Gesellschaftshunde sind allerdings als Begleithunde gezüchtet worden und lieben den Augenkontakt zum Menschen und seine Aufmerksamkeit.

Beliebte Rassen: Chihuahua, Französische Bulldogge, Italienisches Windspiel, Papillon, Zwergspitz, Mops, Pudel

Fortsetzung

Rasseneigenschaften

Moderassen und die daraus resultierende Konzentration auf ihre „idealen" Eigenschaften führten zu körperlichen Problemen, von betonten Hautfalten bis zu Taubheit. Diese und andere angezüchtete Eigenschaften können Probleme bei der Kommunikation hervorrufen. Wenn Ihr Hund die hier aufgelisteten Merkmale aufweist, seien Sie vorsichtig, wenn er Kontakt zu anderen Hunden und insbesondere zu Kindern aufnimmt. Von ihm ausgesandte Beschwichtigungssignale werden vielleicht nicht verstanden, sodass er sich missverstanden fühlt und frustriert ist. Eine gute Kommunikation ist bei allen Hundespielen wichtig, sodass ein Mangel zu Spannungen und Aggressivität führen kann.

Kein Schwanz

Der Schwanz verrät viel über den Hund – von einem freundlichen Wedeln bis zum Verstecken der Analdrüsen bei Furcht (S. 18–19). Zu den Rassen mit unvollständigen Schwänzen gehören Boston Terrier, Epagneul Breton und Französische Bulldogge.

Kurzköpfigkeit

Rassen wie Bulldoggen, Boxer, Mastiff und Mops haben verkürzte Schnauzen, sodass sie im Vergleich zu anderen Rassen schlechter atmen und weniger Gesichtsmuskeln bewegen können. Sie müssen andere Hunde mit übertriebenen Körperbewegungen beschwichtigen oder zum Spielen auffordern. Das kann zu sozialer Ablehnung führen.

Flaches Gesicht

Das Gesicht des Bullterriers oder des Staffordshire Bullterriers kann auf andere Hund befremdlich wirken, sodass sie sich nicht mit Ihnen anfreunden wollen.

Schwarzes Fell

Der Gesichtsausdruck dieser Hunde kann für andere Hunde und Menschen schlecht zu erkennen sein. Schwarze Hunde werden auch in Tierheimen leicht übersehen.

Kupieren

Das Kupieren des Schwanzes ist in Deutschland, Österreich und der Schweiz verboten, in Deutschland aber bei jagdlicher Nutzung erlaubt, da es die Verletzungsgefahr verringern soll. Das Kupieren der Ohren ist in diesen Ländern wegen der damit verbundenen Schmerzen verboten. Es würde auch dazu führen, dass der Hund schlechter eine Beschwichtigungshaltung einnehmen kann, auf andere Hunde aggressiver wirkt und so das Aggressionsrisiko steigert.

Zuchtziele

Kreuzungen stammen aus Verpaarungen zweier reinrassiger Tiere, während die Abstammung eines Mischlingshunds unklar ist. Während Mischlinge meist gesünder als reinrassige Hunde sind, hat die Deklarierung vieler Kreuzungen – insbesondere mit Pudeln – zu „Designerhunden" explodierende Preise verursacht, obwohl sie keinen Stammbaum haben. Ein registrierter Rassehund hat in seinem Stammbaum gesunde Hundevorfahren, sodass man den Züchter für Gesundheits- und Verhaltensprobleme verantwortlich machen kann. Beim Kauf können Sie die nebenstehende Liste benutzen, um sicherzustellen, dass der Welpe gesund und gut sozialisiert ist.

Checkliste

- ☐ **Die Welpen leben** mit ihrer Mutter im Heim des Züchters (nicht in einer Scheune oder einem Zwinger). Sie haben keine Flöhe und riechen auch nicht unangenehm.
- ☐ **Die Mutter ist ruhig** und bellt nicht, wenn Sie zur Tür hereinkommen.
- ☐ **Die Welpen haben** eigene Schüsseln, Spielzeug und klar getrennte Schlaf- und Toilettenbereiche.
- ☐ **Der Züchter** kann die Gesundheit beider Eltern nachweisen und rassetypische genetische Krankheiten ausschließen.
- ☐ **Die Welpen sind** acht bis zwölf Wochen alt. Jetzt sind sie am besten zu trainieren, was sich auch im Preis niederschlagen kann.
- ☐ **Der Züchter kann** Ihnen Aufzeichnungen zeigen, in denen die Reaktion eines jeden Welpen auf Haushaltsgeschehen, Menschen, Tiere, Reisen und Behandlung festgehalten worden ist.
- ☐ **Die Welpen haben** eine Basiserziehung und koten nicht ins Körbchen, können für kurze Zeit voneinander getrennt und angefasst werden und sitzen.

Jenseits der Farbe

Das Gesicht eines schwarzen Hunds ist schlechter zu sehen, deshalb ist das Verstehen der Körpersprache umso wichtiger.

Hunde beobachten

*Nun wissen Sie mehr über die Körpersprache, über die uns
Hunde ihr Befinden mitteilen, und welchen Einfluss die Rasse
darauf hat. Nun wird es Zeit, dass Sie Ihren Hund beobachten.
Hier finden Sie einige Tipps dazu. Es ist wichtig, das Verhalten
des Hunds im großen Zusammenhang zu sehen.*

Ein paar Tipps zu Anfang

Nehmen Sie die Brille ab!

Wir alle betrachten Dinge durch
unsere persönliche Brille. Auf Ihrer
steht vielleicht „Labrador forever",
„Mein Hund hat Angst vor anderen
Hunden" oder „Mein Hund ist der
Größte". Um wirklich etwas über
Hunde zu lernen, sollten Sie zuerst die
Tatsachen betrachten, bevor Sie eine
Situation interpretieren. Wenn also im
Park ein anderer Hund Ihrem begeg-
net und mit den Pfoten scharrt:

- **Brille auf:** „Dieser Hund will meinen unterdrücken."
- **Brille ab:** „Der Hund hat das Hinterteil meines Hunds berochen, ist
  weggegangen, hat an einen Baum
  gepinkelt und mit allen vier Pfoten
  drei Sekunden lang gescharrt."

Filmen Sie Ihren Hund

Hunde nehmen die Welt schneller
wahr als wir. Auch wenn wir sie genau
beobachten, können die Dinge so
schnell geschehen, dass wir subtile
Einzelheiten übersehen. Schulen Sie
Ihre Beobachtungsgabe: Filmen Sie
Ihren Hund. In Zeitlupe erkennen Sie
wichtige Signale, die Sie in Echtzeit
verpasst haben.

Ruhig bleiben und lächeln

Wir können unsere Hunde nicht wie
Wissenschaftler aus der Ferne untersuchen. Wir befinden uns selbst in
der Situation und beeinflussen sie
daher. Wir schimpfen oft, wenn unsere
Hunde Unsinn anstellen. Doch die
Spannung in der Stimme oder der Zug
an der Leine erzeugen neue Probleme,
während eine gute Laune – auch,
wenn wir das Geschehen nicht perfekt
kontrollieren – die Situation entspannen kann. Also immer mit der Ruhe!

Vertrauen Sie sich selbst

Manchmal müssen Sie spontan handeln, um sich selbst, andere Menschen
oder Ihren Hund zu schützen. Vertrauen Sie Ihrem Bauchgefühl!

Hundebeobachtung im Detail: der Schwanz

Anzunehmen, dass Schwanzwedeln auf einen freudigen Hund hinweist, ist das Gleiche, als wenn Sie jede winkende Person für freundlich halten würden. Schauen wir einmal, was ein objektiver Blick auf die Position und Geschwindigkeit des Schwanzes verrät.

Wozu dient der Schwanz?

Der Schwanz dient sowohl der Balance als auch der Kommunikation. Er ist ein Erkennungszeichen im hohen Gras und kontrolliert, wie viel Gerüche ein Hund verteilt. Hunde können ihre „Unterschrift" durch Schwanzwedeln verbreiten oder sie verschleiern, indem sie den Schwanz zwischen die Beine klemmen oder sich hinsetzen, um die Analdrüsen zu bedecken. Der Schwanz liefert also wichtige Informationen über die Stimmung eines Hunds.

Die Position ist wichtig

- **Ein erhobener Schwanz** verrät, dass der Hund adrenalingesteuert ist, also entweder begeistert oder erschreckt. Beides wirkt ähnlich.
- **Ein gesenkter Schwanz** deutet auf Nervosität oder Ängstlichkeit hin, da sich der Hund mit der Bedeckung der Analdrüsen in der Welt der Gerüche verstecken möchte. Doch er kann trotzdem freundlich sein. Hunde senken auch den Schwanz, wenn sie sich auf etwas Interessantes konzentrieren.

Wie schnell ist der Schwanz?

- **Ein sich schnell bewegender Schwanz** kann auf Angst oder Begeisterung hindeuten.
- **Ein aufgestellter, zitternder Schwanz** weist auf eine bevorstehende Jagd oder einen Kampf mit einem anderen Hund hin.

Wie sieht Freude aus?

Ein gesenkter, ruhig wedelnder Schwanz ist eine freundliche Geste, doch wirkliche Freude wird durch einen nach oben und unten und in Kreisen wirbelnden Schwanz ausgedrückt – etwa, wenn Sie heimkommen! Beobachten Sie den Schwanz in verschiedenen Situationen. Er ist jedoch nur ein Teil des Gesamtbilds!

Glücklicher Hund
Schnelles Wedeln und gleichzeitiges Springen verrät freudige Erregung.

Fortsetzung »

Das Gesamtbild betrachten

In diesem Buch finden sich viele Schnappschüsse von Hunden, die Ihnen ihr Befinden in einem bestimmten Moment mitteilen möchten. Wenn Sie im richtigen Leben auf diese Situationen achten, werden Sie Ihren Hund besser verstehen. Als Hundedetektiv sollten Sie aber auch das wahrnehmen, was um Ihren Hund herum vorgeht.

Nahaufnahme

Wenn Sie bereits etwas über die Körpersprache der Hunde gelernt haben, konzentrieren Sie sich vielleicht zu sehr darauf. Um einen Hund wirklich zu verstehen, müssen Sie aber auch die Zusammenhänge wahrnehmen. Was geschieht in dem Moment, in dem ein Hund auf das Sofa pinkelt? Wenn

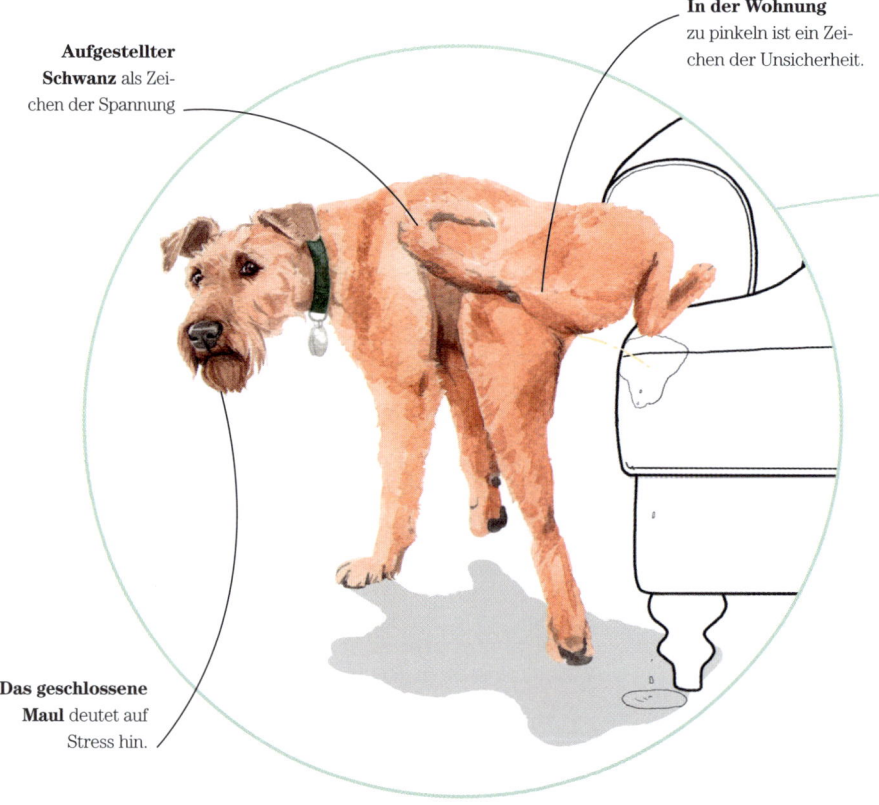

Aufgestellter Schwanz als Zeichen der Spannung

In der Wohnung zu pinkeln ist ein Zeichen der Unsicherheit.

Das geschlossene Maul deutet auf Stress hin.

wir nur den Hund betrachten, beurteilen wir dieses Verhalten als „schlecht". Doch die alleinige Konzentration auf das Verhalten kann zu einer Strafmaßnahme wie einem Sprühhalsband führen, das den Hund vom Pinkeln in der Wohnung abhalten soll.

Weitwinkelaufnahme

Hunde nehmen oft die Emotionen und den Stress im Haushalt auf und spiegeln ihn in ihrem Verhalten. So sehen wir, dass die Kinder sich lautstark balgen. Die Katze mag den Hund auf die Nase geschlagen haben, weil er ihr zu nah kam, und ein Glas mit einem heißen Getränk mag im Durcheinander umgefallen sein. Das alles setzt den Hund unter Stress. Statt den Hund zu bestrafen, sollten Sie die Kissenschlacht stoppen, das Getränk aufwischen und der Katze bessere Manieren beibringen. Erschrockene Hunde pinkeln oft unter Stresseinfluss, weil es sie beruhigt. Informieren Sie sich daher auch über die Funktion bestimmter Verhaltensweisen (S. 22–23).

Eine territoriale Katze kann den Hund stressen.

Sieh mehr, lern mehr!

Es kann falsch sein, sich nur auf den Hund zu konzentrieren. Sehen Sie das Gesamtbild!

Ein heißes Getränk kann einen Schreck verursachen.

Lautes Spielen kann den Hund aufregen.

Der Sinn des Verhaltens

Das Verhalten Ihres Hunds ist nicht gut oder schlecht – es ist, wie es ist. Doch wenn Sie beunruhigt oder auch amüsiert sind, können Sie Detektiv spielen und herausfinden, was wirklich los ist. Die Frage ist: „Welchen Sinn sieht Ihr Hund in seinem Verhalten?"

Es ist leicht, menschliche Erklärungen zu den seltsameren Gewohnheiten Ihres Hundes zu finden, doch hier geht es um ihre tatsächliche Funktion. Das ist der Schlüssel zum Verständnis der Hunde, da sie ihre Entscheidungen nicht als gut oder böse betrachten. Sie fragen: „Ist das nützlich für mein Überleben oder nicht?" Wenn Sie wissen wollen, warum Ihr Hund etwas tut, wenden Sie die „Frage-nach-dem-Sinn-Formel" an, um herauszubekommen, was der Hund erreichen möchte. Analysieren Sie, was Sie, eine andere Person oder ein Tier vor dem Verhalten getan haben, in welcher Umgebung es stattfindet, was danach geschehen ist und welche Körpersprache der Hund benutzt. Die Übersicht über die Verhaltenstypen (siehe rechte Seite) wird Ihnen ebenfalls helfen. Viele der in diesem Buch vorgestellten Analysen des Verhaltens wenden diese Strategie an.

Die Frage-nach-dem-Sinn-Formel

1
Wie oft zeigt Ihr Hund das Verhalten?

2
Was sind die Begleitumstände?
Wer ist daran beteiligt und wo findet das Verhalten statt?

3
Was ist vor dem Auftreten des Verhaltens geschehen?

4
Was sind die Folgen – was gewinnt oder vermeidet der Hund?
Zum Beispiel…

… gewinnt der Hund:

- Aufmerksamkeit?
- Zugang zu etwas, das er mag?
- Entspannung?
- Nahrung?
- Spielzeug oder Leckerli?
- Ein Erfolgserlebnis?

… vermeidet der Hund:

- Streit oder einen Angriff?
- Schmerz oder Angst?
- Frustration?
- etwas zu verlieren, etwa ein Spielzeug?

Verhaltenstypen

Zu verstehen, in welche Kategorie das Verhalten Ihres Hunds fällt, hilft Ihnen zu verstehen, was Ihr Hund denkt und wie Sie reagieren sollten.

- **Beschwichtigungssignale** wie das Lippenlecken und Gähnen helfen Hunden, Spannung zu verringern, Furcht auszudrücken oder soziale Situationen zu entschärfen. Sie zu beobachten und schnell zu reagieren hilft bei der Deeskalation.

- **Gelerntes Verhalten** wird verstärkt, wenn es sich für den Hund lohnt, und reduziert, wenn es das nicht tut. Es gibt bewusste Entscheidungen Ihres Hundes, die ihm abgewöhnt werden können. Einige Verhaltensweisen sind sowohl gelernt als auch konditioniert (siehe unten). So könnte Ihr Hund eine konditionierte Angstreaktion auf Nagelknipser haben und aggressiv reagieren, weil er gelernt hat, dass dann die Behandlung aufhört.

- **Klassisch konditioniertes Verhalten** funktioniert ohne Nachdenken und führt zu einer emotionalen oder körperlichen Reaktion. Wenn Sie immer an der Leine ziehen, wenn Ihr Hund einen anderen trifft, wird Ihr Hund konditioniert, Angst zu empfinden, da er immer gewürgt wird und frustriert ist, wenn er einen Hund sieht.

- **Ritualisiertes Verhalten** ist eine abgeschwächte oder übertriebene Version von überlebenswichtigen Verhaltensweisen, die im Lauf der Zeit adaptiert wurden, etwa Knurren und in die Luft schnappen statt echtem Zubeißen.

- **Ersatzhandlungen,** wie sich kratzen oder übertriebenes Trinken, sind normale Verhaltensweisen zur unpassenden Zeit, die Unsicherheit oder Stress zeigen – wie unsere Beschäftigung mit dem Smartphone in einem vollen Aufzug.

- **Atavistisches Verhalten** wird nicht mehr zum Überleben gebraucht, tritt aber immer noch auf, wie sich zu drehen vor dem Hinlegen auf einer Matte, um unsichtbares Gras zu glätten.

- **Sexuelles Verhalten** ist – gut, Sie wissen schon!

- **Beutefangverhalten** hilft bei der Jagd.

- **Fehlverhalten** fühlt sich gut an, schadet aber langfristig, wie den ihren Schwanz jagenden Hunden oder Junkfood essenden Menschen.

Missverständliches Verhalten

Etiketten sind schwer zu entfernen – wir sollten sie nicht bei unseren Hunden anwenden. Das einzige Etikett, das zutrifft, ist: „Hund".

Wir wissen, dass es für Hunde kein „gutes" oder „schlechtes" Verhalten gibt. Sie tun nur, was für ihr Überleben sinnvoll ist. Daher ist es ein fundamentaler Fehler, einem Hund die Etiketten „dumm" , „schwierig", „toller Hund", „Prinzessin" oder „Tierheimhund" anzuhängen. Das beeinflusst nur Ihren Blick und Ihre Reaktionen, sodass der Hund Ihre Erwartungen niemals erfüllen kann. Hier sind ein paar oft anzutreffende Etiketten.

„Störrisch"

Es kann so scheinen, dass ein Hund weiß, was Sie wollen, es aber bewusst nicht tut. Meist hat er allerdings keine Vorstellung davon und hofft, dass Sie es entweder erklären oder weggehen. Vielleicht benutzen Sie auch nicht die richtige Belohnung zur Motivation.

„Schuldig"

„Richtig" und „falsch" sind menschliche Konzepte. Hat Ihr Hund in Ihrer Abwesenheit Ihr Sandwich gefressen, dann hat er damit eine sinnvolle Entscheidung getroffen. Er wird sich nicht einmal daran erinnern, wenn Sie zurückkommen! Wir denken nur, dass Hunde schuldbewusst sind, weil sie so gut unsere Gesichter lesen können und Streit vermeiden möchten. Wenn Sie sauer sind, bieten sie Ihnen ein Beschwichtigungsverhalten an, lecken sich etwa die Lippen oder rollen sich auf den Rücken. Wenn Sie dieses Verhalten ignorieren, erziehen Sie Ihren Hund zum Beißen (S. 150–151).

„Dominant"

Das Dominanz-Märchen hat unseren Blick bereits zu lang geprägt. Wie alle sozialen Arten wollen Hunde einander beweisen, wer der schnellste, größte und stärkste ist. Doch sie streben nicht die Dominanz übereinander an. Auch Wölfe leben in Familienverbänden und nicht in hierarchisch organisierten Rudeln. Und ein Hund versucht sich nicht zu profilieren, indem er vorausläuft, in die Wohnung pinkelt oder Sie anknurrt. Wenn wir das unterstellen, behandeln wir ihn grob und ruinieren sein Vertrauen in uns. Sie bestimmen bereits, wann Ihr Hund frisst, wann er vor die Tür darf und welche Freunde er trifft. Ihn auf den Rücken zu drehen, um ihn zu unterwerfen, ist nur Mobbing. Unsichere Tiere werden zurückmobben oder sogar beißen – alles nur wegen eines Etiketts.

Trigger stacking

Als unberechenbar, unfreundlich oder aggressiv betrachtete Hunde sind vielleicht einfach nur in der Folge des „Trigger stacking" ausgerastet. Während eine einzelne Störung ihnen etwas Stress bereitet, kann eine Folge von Vorfällen zum Überschreiten einer Schwelle führen – und sie bellen und stürzen los oder verstecken sich plötzlich.

Wir kennen alle den Tropfen, der das Fass zum Überlaufen bringt. An einem guten Tag sind wir wenig gestresst, doch an einem schlechten reicht ein verschütteter Kaffee, ein verbummelter Schlüssel oder ein Stau, um uns zum Explodieren zu bringen. Bei Hunden ist es dasselbe. Ihre Auslöser sind alles, was Erregung, Unannehmlichkeiten oder Frustration erzeugt. Jedes Ereignis verstärkt das vorige, bis der letzte Tropfen – vielleicht nur ein bellender anderer Hund – sie zu einem Ausbruch „unvorhersehbarer" Aggression, zum Erstarren oder Weglaufen bringt. Ohne unsere Hilfe können sie sich nicht beruhigen.

Umgang mit dem Hund:
- **Ihr Hund** hat eine Panikattacke und kann Sie nicht hören. Helfen Sie ihm aus der Situation heraus und geben Sie ihm Zeit und Platz, um sich zu beruhigen.
- **Schreien Sie ihren Hund** nicht an, wenn er bellt, und ziehen Sie

Trigger stacking
Jeder Vorfall erhöht – oft unmerklich – die Spannung, bis die Schwelle erreicht ist.

Unter der Schwelle	Trigger 1	Trigger 2
Entspannter Hund	**Grob angelegtes Geschirr** Erregung wegen Spaziergang und Unannehmlichkeit	**Ziehen an der Leine:** Frustration wegen Schmerzen und fehlender Beweglichkeit

nicht an der Leine – Sie wären nur ein weiterer Schreck in einer erschreckenden Situation. Sie können das Bellen zwar vielleicht im Moment stoppen, verändern jedoch nicht die Emotionen dahinter. Vielleicht wird Ihr Hund in Zukunft sogar noch unberechenbarer.

Trigger stacking vermeiden:

- **Studieren Sie die Körpersprache** Ihres Hunds, um eine steigende Spannung zu erkennen. Warten Sie, bis Ihr Hund sich schüttelt und damit die Auswirkungen des ersten Triggers verarbeitet, bevor Sie ihn dem nächsten Reiz aussetzen.
- **Erkennen Sie die Trigger** und arbeiten Sie an jedem einzelnen mit dem Ziel, dass Trigger Spaß

bedeuten können. Reagiert Ihr Hund auf andere Hunde, üben Sie mit Leckerli, dass Ihr Hund zu dem anderen Hund hin- und wieder wegschaut, erst von fern, dann näher. Absolvieren Sie eine „Entspannungswoche" mit Lektionen anstelle von Spaziergängen, wenn Ihr Hund draußen unter großem Stress steht.

- **Training mit lockerer und langer Leine** reduziert den Stress, sodass der Hund sich entspannter fühlt. Leckerli können die Frustration in eine positive Erwartungshaltung verändern (S. 170–171).
- **Ermutigen Sie Ihren Hund** zum Schnüffeln, wenn er sich noch unter der Reizschwelle befindet, und loben Sie eine entspannte Haltung. Wenn Ihr Hund einen guten Tag hat, haben Sie es auch!

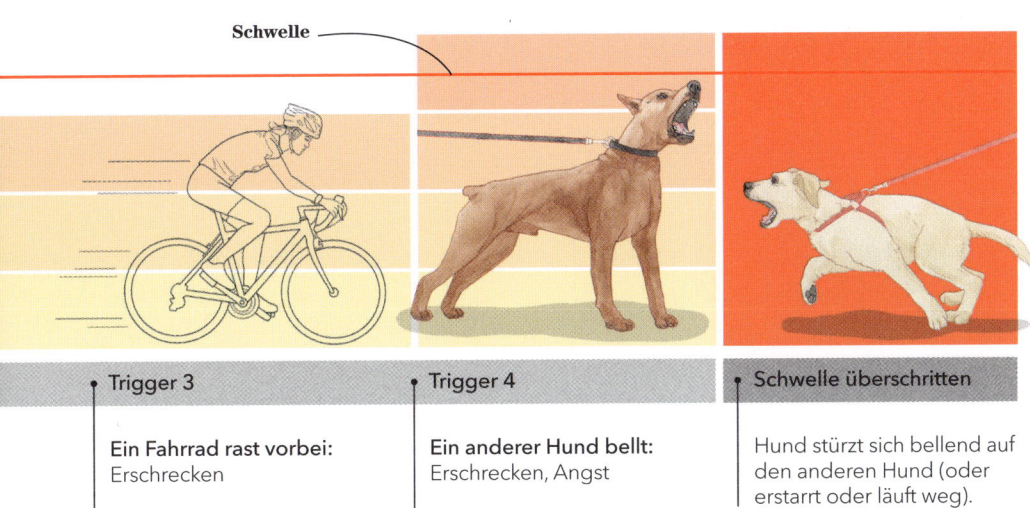

Schwelle

Trigger 3

Ein Fahrrad rast vorbei:
Erschrecken

Trigger 4

Ein anderer Hund bellt:
Erschrecken, Angst

Schwelle überschritten

Hund stürzt sich bellend auf den anderen Hund (oder erstarrt oder läuft weg).

ERSTES KAPITEL

Mein wunderbarer Hund

Unsere Hunde können sich auf die verschiedensten Weisen ausdrücken. In diesem Kapitel können Sie die wunderbare – und manchmal seltsame – Körpersprache lernen, mit denen Hunde ihre Stimmungen mitteilen können.

Mein Hund leckt sich die Nase

Warum leckt sich mein Hund so oft die Nase und die Lippen? Und mit seiner beweglichen Zunge schafft er es, sich regelmäßig die Nase zu wischen!

Und der Sinn?

Die Nase und die Lippen zu lecken signalisiert Menschen und anderen Hunden, dass Ihr Hund nichts Böses will und nur wichtige Gerüche sammelt (S. 12-13).

Was denkt sich mein Hund?

Ihr Hund leckt sich die Nase als Beschwichtigungsgeste während der Kommunikation mit Hunden und mit Ihnen, wenn er aufgeregt ist oder sich unwohl fühlt. Er leckt sich die Nase auch zur Befeuchtung, sodass er die Geruchspartikel besser aufnehmen kann. Das Lippenlecken ist eine ritualisierte Form des Nasenleckens, mit dem Hunde verschiedene Dinge wie „Ich liebe Dich", „Tut mir leid", „Immer mit der Ruhe" oder „Nein danke" sagen. Ein kurzes Herausstrecken der Zunge sammelt zusätzliche Gerüche.

Gesundheit!

Das Niesen hat auch verschiedene Funktionen. Dient es dem Loswerden eines Fremdkörpers, ist das leicht zu erkennen, weil der Hund den Kopf nach unten schleudert und ein ähnliches Gesicht wie wir macht. Hunde können auch mit weniger starkem, ritualisiertem Niesen verschiedene Dinge wie „Was ist das?" oder „Na ja, egal" sagen.

Was soll ich tun?

Sofort:

- **Zusätzlich nach anderen Hinweisen** in der Körpersprache suchen. Zurückgelegte Ohren und starrende Augen können auf Unwohlsein oder Furcht hindeuten. Nach vorn gerichtete Ohren und ein sanfter Blick bedeuten: „Kann ich wohl bitte das Leckerli haben?"
- **Geben Sie ihrem Hund etwas Raum,** wenn Sie, jemand anderes oder ein anderer Hund sich vor seiner Nase befinden. Er könnte sagen, dass es ihm ein wenig eng wird.

Langfristig:

- **Lecken Sie sich auch** ab und zu über die Lippen. Hunde verstehen das Signal und begrüßen Ihr Bemühen, „Hund" zu sprechen.
- **Gelegentliches kurzes Lecken** der Nase und der Lippen ist normal, doch wenn es oft geschieht, stresst etwas Ihren Hund. Versuchen Sie, den Grund zu finden.

**Nach vorn gerich-
tete Ohren** zeigen
ein Interesse an
Ihren Handlungen.

**Entspannte
Gesichtsmuskel**
und sanfte Augen
sagen: „Ich fühle
mich gut."

**Die Zunge
befeuchtet** die
Nase, und die
Frage ist: „Was?"

> „
>
> Kameras können Hunde einschüch-
> tern, sodass es oft schwierig ist, ein Bild
> zu schießen, das nicht das typische
> Nasenlecken zeigt.
>
> "

Mein Hund rollt sich herum

Mein Liebling mag es, wenn ich ihm den Bauch kitzle, und sogar bei Fremden rollt er sich oft auf den Rücken – will er sich auch von ihnen kraulen lassen?

Was denkt sich mein Hund?

Ihr Hund zeigt den Bauch, um zu sagen, dass er weiß, dass Sie ihn lieben, und dass er ihre Aufmerksamkeit wecken möchte. Hunde tun das, um ihr Vertrauen zu zeigen, öfter jedoch, wenn sie sich verletzlich fühlen. Beobachten Sie die Körpersprache, vor allem im Zusammenhang mit anderen Menschen. Wahrscheinlich will Ihr Hund gar nicht berührt werden. Welpen lernen das unterwürfige Bleib-weg-Rollen, um älteren Hunden Respekt zu erweisen und zu zeigen, dass sie harmlos sind – in Hundesprache „Tu mir nicht weh!" (S. 150–151).

Sich auf den Rücken zu rollen ist eher die Bitte um Abstand als die Einladung zum Kraulen – sofern man nicht schon befreundet ist!

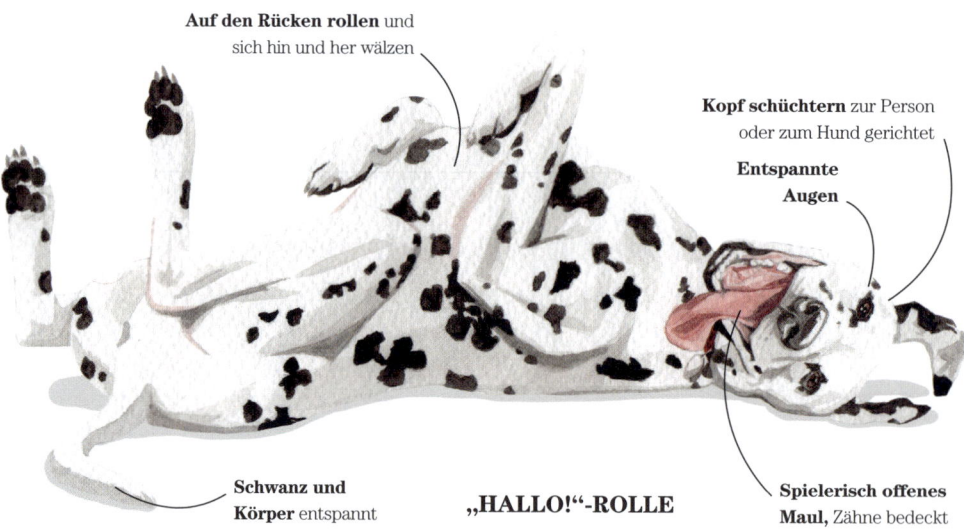

Auf den Rücken rollen und sich hin und her wälzen

Kopf schüchtern zur Person oder zum Hund gerichtet

Entspannte Augen

Schwanz und Körper entspannt

„HALLO!"-ROLLE

Spielerisch offenes Maul, Zähne bedeckt

Erhobener Kopf in Richtung der „Bedrohung"

Sanfte Augen blinzeln zur Beschwichtigung

Ohren gesenkt oder zurückgelegt

Schwanz über den Analdrüsen

Geschlossenes Maul oder beschwichtigendes Nasenlecken

„BLEIB WEG!"-ROLLE

Auf der Seite liegen, zum Aufspringen bereit

Und der Sinn?

Das Rollen ist sinnvoll, weil ein süßer und harmloser Eindruck in gefährlichen Situationen den Unterschied zwischen Leben und Tod bedeuten kann.

Was soll ich tun?

Sofort:

- **Wenn ein Hund sich herumrollt,** beurteilen Sie die Haltung. Ist er angespannt oder entspannt, gibt es einen Fluchtweg?

- **Kraulen oder nicht kraulen?** Wenn Sie den Hund nicht kennen, berühren Sie ihn nicht. Er möchte das vielleicht vermeiden.

- **Stehen Sie auf oder treten Sie zurück,** lassen Sie dem Hund Platz und warten Sie ab. Ängstliche Hunde werden wieder aufspringen, freundliche Hund bleiben liegen, wedeln mit dem Schwanz und wälzen sich: „Hey, du! Sprich zu mir!"

Langfristig:

Erklären Sie Gästen das Verhalten und die richtige Begrüßung. Sie können den Hund sitzen lassen und ihm ein Leckerli geben.

Risiko des Beißens

Die „Bleib weg"-Rolle gehört zu den am meisten missverstandenen Verhaltensweisen. Anfangs rollen sich Welpen auf den Rücken, weil wir uns zur Begrüßung über sie beugen. Sie wollen beschwichtigen und wünschen sich Platz, doch wir berühren sie trotzdem! Die meisten Hunde finden sich damit ab, und manche bieten den Bauch Freunden an. Ein ängstlicher Hund könnte aber zubeißen.

Mein Hund kratzt sich gern

Mein Hund beherrscht Yoga-Übungen – mit einer Hinterpfote kann er sich am Hinterkopf kratzen! Der Tierarzt sagt, dass er gesund sei und keine Flöhe habe. Warum kratzt sich mein Hund dann so oft?

Was denkt sich mein Hund?

Wenn Hunde „peinlich" sagen könnten, würden sie es auf diese Weise tun. Diese sogenannte Übersprungshandlung bietet ihnen die Möglichkeit, sich von unangenehmen Situationen abzuwenden. Katzen, Menschen und viele andere Arten verhalten sich ähnlich. Das kann bedeuten: „Ich bin frustriert", „Ich bin verwirrt" oder „Ich bin nervös". Der Hund möchte seinen Stress verringern und sagen: „Sorry, ich spreche kein Deutsch, kannst du das auf Hund erklären?" Wenn es keine Anzeichen für Flöhe gibt, hören Sie hin, Ihr Hund möchte Ihnen etwas sagen.

Ein Krankheitsanzeichen?

Exzessives Kratzen kann bedeuten, dass Ihr Hund Flöhe hat. Er kann auch etwas anderes haben, was sich oft durch Ruhelosigkeit, Winseln oder Pfotenkauen bemerkbar macht (siehe S. 136–137). Es kann eine Allergie, eine Verstopfung der Analdrüsen oder Schlimmeres sein. Achten Sie darauf, denn Hunde können Krankheitsanzeichen gut verbergen.

Was kann ich tun?

Sofort:

- **Warten Sie geduldig,** bis Ihr Hund mit dem Kratzen aufhört. Sprechen Sie ruhig und benutzen Sie lieber Handsignale, besonders in einer unbekannten Umgebung.
- **Entfernen Sie sich mit Ihrem Hund** oder lenken Sie seine Aufmerksamkeit auf einen Kauknochen, um ihn zu beruhigen.
- **Vielleicht benötigt Ihr Hund Hilfe.** Wenn Ihr Hund sich mit einem anderen anfreunden möchte und eine Abfuhr erhält, werfen Sie Leckerli ins Gebüsch, damit er dort schnüffelt. Das Schnüffeln zeigt anderen Hunden, dass Ihr Hund harmlos ist, sodass er sich mit ihnen anfreunden kann.

Langfristig:
Notieren Sie den Ort und die Zeit, wenn sich Ihr Hund kratzt. Es kann sein, dass ihn die Umgebung beunruhigt, das sollten Sie im Training berücksichtigen.

Augen werden zur Beschwichtigung geschlossen.

Und der Sinn?

Übersprungshandlungen wie Fellpflege oder Trinken treten in schwierigen Situationen auf, um den Augenkontakt zu unterbrechen und sich zu beruhigen.

Das Gesicht wird von der Person oder dem Hund abgewandt.

Das Bein kratzt Kopf, Hals oder Seite.

Die aufgesetzte Pfote weist auf die Stressquelle hin.

PRAXISTIPPS

Tierheimhunde

Es ist unglaublich lohnend, einem Hund die Chance auf ein neues Leben zu geben. Doch Vernachlässigung bleibt nicht folgenlos, sodass Tierheimhunde oft eine Herausforderung darstellen.

1

Sind Sie der Richtige?

Die meisten Tierheimhunde benötigen eine emotionale Rehabilitation, und Vertrauen fällt ihnen schwer. Einige hatten eine so schlimme Zeit, dass Sie Ihren Lebensstil ihren Bedürfnissen anpassen müssen. Haben Sie dazu die Liebe, Zeit und Erfahrung?

2

Passen Sie auf sich auf!

Vor dem Tierheimbesuch sollten Sie sich fragen, welche Größe, welches Alter und Temperament zu Ihrem Lebensstil passen. Nehmen Sie einen realistischen Freund mit. Wenn Sie sich in ein Tier verlieben, planen Sie mehrere Besuche, bis Sie sich sicher sind.

3

Mitarbeiter

Die Mitarbeiter des Tierheims wissen, ob sich ein bestimmter Hund für Ihre Familie eignet. Vertrauen Sie ihnen. Sie kennen ihre Hunde und möchten sie vor einer weiteren Zurückweisung schützen.

4

Seien Sie geduldig

Die meisten Hunde können im Tierheim nicht ihre Vorzüge zeigen. Lassen Sie dem Hund drei Monate, um sich einzugewöhnen. Helfen Sie ihm, indem Sie von Anfang an klare, liebevolle Grenzen setzen.

5

Ein Freund

Es ist normal, dass sich ein neuer Hund aus dem Tierheim extrem an Sie bindet. Wenn Sie arbeiten oder im Urlaub sind, benötigen Sie einen liebevollen und geduldigen Hundesitter, der die Probleme Ihres Hunds versteht.

Mein Hund erkennt die Uhrzeit

Jeden Tag, etwa 20 Minuten bevor mein Partner nach Hause kommt, schaut mein Hund aus dem Fenster und geht zum Warten zur Tür. Es ist etwas unheimlich. Erkennt er wirklich die Uhrzeit?

Was denkt sich mein Hund?

Ja, Ihr Hund erkennt die Uhrzeit. Jedes Lebewesen hat eine innere Uhr, welche die Tagesrhythmen kontrolliert. Dadurch werden die täglichen Verhaltensmuster gesteuert, zum Beispiel die Zeit des Schlafens und der Mahlzeiten. Wissenschaftler haben herausgefunden, dass Hunde die Zeit auch durch Veränderungen im Geruch feststellen können – ein stärkerer Geruch weist auf ein jüngeres Geschehen hin und ein schwächerer bedeutet, dass mehr Zeit vergangen ist. In einem Experiment wurde das gerade getragene T-Shirt des Besitzers ins Haus geschmuggelt, um den Hund, der seine Rückkehr erwartete, zum Schlafen zu verleiten. Clevere Wissenschaftler!

Was soll ich tun?

Sofort:

Wenn Ihr Hund die Heimkehr einer Person gespannt oder hyperaktiv erwartet, bieten Sie ihm eine Schnüffelmatte oder ein Futterspielzeug zur Ablenkung an, bevor er sich grämt und Stress empfindet.

Langfristig:

- **Regelmäßige Routinen** können beruhigend wirken, insbesondere auf Tierheimhunde oder einen zeitweiligen Gast. Feste Fütterungszeiten und festes Gassigehen helfen ihnen zu verstehen, wann sie sich entspannen können und nicht wachsam sein müssen (S. 46–47).
- **Stecken Sie Ihren Schlafanzug in einen Beutel.** Hundesitter können dieses Geruchspaket öffnen, um Hunde mit Trennungsängsten zu beruhigen (S. 178–179). Wenn Sie in Urlaub fahren, können Sie einige Pakete vorbereiten.

Held der Pünktlichkeit

Hachiko, ein berühmter japanischer Akita, gehörte einem Professor an der Universität von Tokio. Nach dem unerwarteten Tod des Professors bei der Arbeit wartete Hachiko fast zehn Jahre lang jeden Tag auf seinen zweibeinigen Freund – er verließ den Hof rechtzeitig, um den Zug zu erreichen, mit dem sein Besitzer heimgekehrt ist, seit er ein Welpe war. Eine Statue an der Shibuya-Station erinnert an Hachikos Treue.

Und der Sinn?

Ihre Bewegungen zu verfolgen ist eine der wichtigsten Routinen für Ihren Hund, da Sie Nahrung, Spaziergänge und Türen kontrollieren.

„Sie muss jetzt jede Minute nach Hause kommen!"

Gespitzte Ohren, um jedes Geräusch wahrzunehmen

Sanfte Augen, die vor Erwartung schimmern

Das geschlossene Maul verbessert das Riechvermögen.

Gespannte Haltung, wartet auf Hinweise Ihrer Rückkehr

Mein Hund vergräbt Dinge

Wenn ich meinem Hund Leckerli und Spielzeug kaufe, vergräbt er sie – der Rasen ist schon voller Löcher! Er versteckt sie sogar in seinem Körbchen. Warum tut er das?

Was denkt sich mein Hund?

So wie wir Doggybags aus dem Restaurant mitnehmen, sammeln auch Hunde überschüssiges Essen. Der Hauptgrund ist, dass sie es für später aufbewahren wollen, weil sie satt sind. Sie vergraben auch ihre Lieblingssachen. Hat Ihr Hund Sorge, dass ihm jemand seinen kostbaren Besitz stiehlt, dann denkt er, dass er in der Erde gut aufgehoben ist. Aus dem gleichen Grund vergräbt er Dinge scheinbar auf dem Teppich oder in seinem Körbchen. Warum auch nicht?

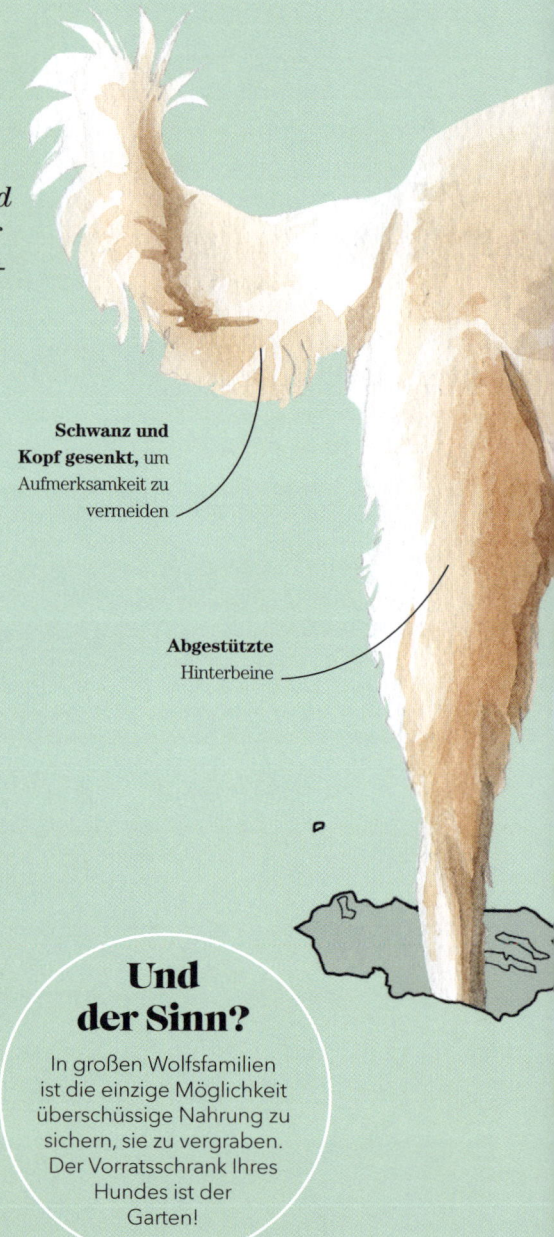

Schwanz und Kopf gesenkt, um Aufmerksamkeit zu vermeiden

Abgestützte Hinterbeine

Tägliches Graben?

Graben ist ein Verhalten, dass von den Wolfsvorfahren übernommen wurde und das Hunde als angenehm empfinden – etwa wie wir einen offenen Kamin in einem Haus mit Zentralheizung. Gräbt Ihr Hund jedoch jeden Tag, kann er unter emotionalem Stress leiden. Ziehen Sie einen Trainer hinzu, der gewaltfreie Techniken anwendet, wenn Sie beunruhigt sind.

Und der Sinn?

In großen Wolfsfamilien ist die einzige Möglichkeit überschüssige Nahrung zu sichern, sie zu vergraben. Der Vorratsschrank Ihres Hundes ist der Garten!

> *"* Das Vergraben kann in einem Haushalt mit mehreren Hunden und Kindern üblich und ein Zeichen von Stress sein. *"*

Was soll ich tun?

Sofort:

- **Folgen Sie Ihrem Hund nicht,** wenn er etwas vergraben will. Er versucht geheimnisvoll zu sein!
- **Beachten Sie die Umgebung.** Hält etwas ihren Hund davon ab, sein Leckerli sofort zu fressen?
- **Einige Hunde haben** mit großen Leckerli Schwierigkeiten. Stellen Sie sich vor, jemand hätte Ihnen 10 000 € gegeben – würden Sie nicht nach einem sicheren Versteck suchen? Verringern Sie die Größe eines Leckerlis und ihr Hund kann es besser genießen.

Langfristig:

Bauen Sie für Ihren Hund einen Sandkasten, sodass er sein Verhalten ausleben kann. Loben Sie ihn, wenn er ihn benutzt!

In Konzentration gerunzelte Stirn

Spielzeug, das in Sicherheit gebracht werden muss

Mein Hund spielt verrückt

Wenn wir von der Arbeit zurück sind und gegessen haben, rennt unser Hund wie besessen durchs Haus. Es ist ziemlich komisch, und er scheint es zu lieben!

Was denkt sich mein Hund?

Vermutlich: „Achtung! Fertig? Los!" Es ist so schön, einen Hund in voller Geschwindigkeit von einer Seite des Gartens zur anderen oder in Kreisen oder anderen Mustern rennen zu sehen, scheinbar ohne Rücksicht auf die eigene Sicherheit. Diese Explosion von Energie, die sogenannten verrückten fünf Minuten, erleben manche Hunde täglich und andere gelegentlich, manche aber im ganzen Leben nicht. Meist reagieren sie auf etwas Aufregendes oder darauf, dass etwas Unangenehmes – wie ein Bad – geendet hat. Es kann auch bedeuten, dass ein Hund mehr Bewegung oder geistige Stimulation benötigt.

Erhobener Schwanz zur Kontrolle des Gleichgewichts

Gekrümmte, nicht bedrohliche Haltung

Zoomies und FRAP

Man nennt diese Ausbrüche auch „Zoomies". Wissenschaftler bezeichnen sie als FRAP (vom englischen „frenetic random activity period", also frenetische zufällig auftretende Aktivitätsperiode). Hunde springen dabei auch oft hoch und zwicken. Sie sollten daher darauf achten, dass antrainierte Regeln nicht missachtet werden.

„Zoomies" drücken herzklopfende, kreislaufanregende Freude aus und sind eine der schönsten Adrenalinausschüttungen von Mutter Natur.

Was soll ich tun?

Sofort:

- **Öffnen Sie die Türen** und verschaffen Sie Ihrem Hund Platz, um Unfälle zu vermeiden. Jagen Sie ihn nicht und rufen Sie nicht, da dies das Verhalten verstärkt.
- **Genießen Sie es!** Ihr Hund setzt alle Muskeln ein und zeigt Ihnen seine Körpersprache.
- **Wenn Ihr Hund es übertreibt,** bellt und zwickt, unterbrechen Sie ihn mit einem enthusiastischen „Was ist das?" und werfen ihm ein Leckerli oder Spielzeug zu, damit er sich darauf konzentrieren kann.

Beschwichtigungslächeln:
„Ich bin keine Bedrohung!"

Spielausdruck
in den Augen

Und der Sinn?

Das Rennen ist der Abbau aufgestauter emotionaler Energie und ein Ventil für Hunde mit fehlender mentaler oder physischer Auslastung.

Langfristig:

- **Bieten Sie Ihrem Hund** genug physisches und mentales Training, um Ausbrüche zu vermeiden, wenn Sie Ihre Ruhe haben möchten.
- **Gewöhnen Sie Ihren Welpen** mit Leckerli an neue Dinge, um zu verhindern, dass etwas Neues einen Temperamentsausbruch auslöst.

PRAXISTIPPS

Kauf eines Welpen

Ein Welpe! So süß und liebenswert. So vieles, was gelernt werden muss. So viel Verantwortung. Einen Welpen zu kaufen ist eine weitreichende Entscheidung. Sind Sie dazu bereit?

1
Wartezeit
Warten Sie nach der Entscheidung, einen Welpen zu kaufen, mindestens sechs Monate. Sie gehen eine 15 Jahre dauernde Verpflichtung ein und benötigen vier Eingewöhnungs- und 18 Trainingsmonate.

2
Beratung
Um die für Sie ideale Rasse zu finden und wichtige Tipps zum Welpenkauf zu erhalten, sollten Sie einen Kursus bei einem qualifizierten Spezialisten belegen, der gewaltfreie Erziehungstechniken benutzt.

3
Nur einen Welpen
Kaufen Sie keine zwei Welpen aus dem gleichen Wurf. Im Alter von etwa acht Wochen binden sich Welpen an Sie. Bleiben sie zusammen, lernen sie nur langsam und bringen sich gegenseitig schlechte Angewohnheiten bei.

4
Das Alter ist wichtig
Acht bis zwölf Wochen sind ein ideales Alter, um einen Welpen zu kaufen, da er dann in Ihrer Umgebung zu lernen beginnen kann. Kaufen Sie keinen Welpen, der 16 Wochen alt oder älter ist. In diesem Alter ist die empfänglichste Phase vorbei, sodass Verhaltensstörungen auftreten können.

5
Ist der Preis gerechtfertigt?
Ein Welpe wird teuer wegen seiner Pflege, der Überprüfung der Gesundheit seiner Eltern und eine frühe Gewöhnung an Eindrücke, Geräusche und Berührungen. Prüfen Sie das. Befragen Sie den Züchter zu Hause und sehen Sie sich dort alle Welpen zusammen mit ihrer Mutter an.

Mein Hund steht am Fenster

Mein Hund starrt den ganzen Tag über aus dem Fenster und beobachtet jede Katze, jeden Hund und jeden Nachbarn, der vorbeigeht! Ist er glücklich, gelangweilt oder einfach neugierig?

Was denkt sich mein Hund?

Sie haben einen selbst ernannten Blockwart. Das kann bei einem Hund eine problematische Karriere sein, auch wenn Menschen diese Eigenschaften bei Wachhunden gefördert haben (S. 14–15). Übertrieben wachsame Hunde starren aus dem Fenster, winseln und drehen ihren Kopf, als ob sie ein Tennisspiel sähen. Sie können Passanten anbellen oder vor sich hin knurren, mit dem Kopf gegen das Fenster stoßen und Ihre Gäste anspringen. Dieses Verhalten ist nicht komisch. Wenn er seiner Paranoia überlassen bleibt, kann der Hund sich auch schnell mit den Tieren und Menschen anlegen, die er trifft.

Erhöhte Spannung

Übertriebene Wachsamkeit können sich Hunde schnell angewöhnen. Sie sind ständig auf der Hut und von Stresshormonen überflutet. Das verkürzt ihre Lebensdauer, schwächt das Immunsystem und verursacht Verdauungsprobleme. Sie müssen Ihrem Hund beibringen, dass er auch einmal eine Auszeit von der „Arbeit" nimmt.

Was soll ich tun?

Sofort:

Wenn Ihr Hund das Geschehen friedlich betrachtet, rufen Sie ihn vom Fenster weg und geben Sie ihm eine entspanntere Beschäftigung, etwa ein Futterspielzeug.

Langfristig:

- **Lassen Sie Ihren Hund nicht** jeden Tag den Wächter spielen. Entfernen Sie Möbel vom Fenster, schließen Sie die Gardinen oder lassen Sie ihn nicht in den Raum mit seinem „Fernseher", wenn Sie anderweitig beschäftigt sind.
- **Ihr Welpe benötigt eine neue** Beschäftigung, die ihm hilft, sich zu entspannen. Achten Sie darauf, dass er regelmäßige Spaziergänge und Trainingseinheiten bekommt, um seine Energie zu verbrauchen, und bieten Sie ihm Intelligenzspielzeuge an, bei denen er etwas für seine Belohnung tun muss. Hunde lieben es, Probleme zu lösen, und wenn Sie Ihnen keine Rätsel anbieten, schaffen sie sich ihre eigenen.

> Das Revier zu beschützen ist wichtig, doch bei der heutigen Überwachungselektronik kann Ihr Hund auch mal eine Pause machen.

Vor Konzentration gerunzelte Stirn

Augen auf mögliche Bedrohungen gerichtet

Geschlossenes Maul zum besseren Riechen

Wachsam mit nach vorn gerichteten Ohren

Angespannte Schultermuskulatur

Beine abgestützt, um einer Gefahr zu begegnen

Und der Sinn?

Im Stammbaum der Hunde ist die Wächterrolle bereits angelegt. Die Familie vor möglichen Gefahren zu warnen, war für die Mitglieder überlebenswichtig.

Mein Hund lächelt

Ich konnte es nicht glauben, als mein Hund mich neulich angelächelt hat, aber ich habe es fotografiert. Ein Freund findet aber, dass sein Gesicht seltsam aussieht, und jetzt bin ich verunsichert. Können Hunde lächeln?

Und der Sinn?

Hunde zeigen Ihnen die Zähne, um Sie zu erinnern, dass sie ein Maul voller Waffen haben und sie einsetzen, falls Sie noch näher kommen.

Was denkt sich mein Hund?

Menschen zeigen die Zähne, um Freude auszudrücken. Die meisten anderen Tiere empfinden den Anblick der Zähne jedoch als ernsthafte Warnung. (Manche Selfies beweisen allerdings, dass ein zähnefletschendes Grinsen auch bei uns bedrohlich wirken kann.) Hunden kann beigebracht werden, dass ihnen das Zeigen der Zähne zur Begrüßung ein Leckerli einbringt. Doch ist es wichtig, daran zu denken, dass das „Lächeln" eines Hundes eher bedeuten kann, dass er Sie auffordert, sich zurückzuziehen.

Wolfsgrinsen

Manche Hunde scheinen zu lächeln, indem sie die Mundwinkel heben, leicht hecheln und die Augen schließen. Bei den Wölfen handelt es sich dabei um eine Beschwichtigungsgeste, um Frieden zu halten. Sie machen etwas Ähnliches, wenn jemand Sie anstarrt.

Was soll ich tun?

Sofort:

- **Wenn Sie ein an Elvis erinnerndes** Lippenkräuseln oder die blanken Zähne sehen, treten Sie sofort zurück. So erkennt der Hund, dass sein Verhalten wirkt, und wird nicht ermutigt, die Aggression bis zum Biss zu steigern (S. 150–151).
- **Erklären Sie Kindern** das wichtige Signal, sodass sie dem Hund genug Raum lassen.

Langfristig:

- **Indem Sie die Abfolge** der Reaktionen des Hunds verstehen, können Sie ihn lehren, weniger aggressiv um Raum zu „bitten", etwa durch Kopfdrehen und Lippenlecken (S. 150–151).
- **Respektieren Sie die Bedürfnisse** des Hunds und lassen Sie ihn allein, wenn er es braucht. Er mag jetzt keine Nähe, lässt es Sie aber wissen, wenn er es möchte.

Ohren nach hinten gerichtet, in die Richtung, in die der Hund gehen will

Starre Augen sagen: „Ich meine es ernst!"

Sitzen, um die Analdrüsen zu bedecken, bedeutet „Nein danke!".

Schnauze faltig, um die Lippen zurückzuziehen

Zurückgezogene Lippen, um die Zähne zu zeigen

> „Hunde zeigen uns ihr Glück eher mit sanften Augen und sacht wedelndem Schwanz als mit dem Maul oder den Zähnen."

Mein Hund ist verrückt nach Bällen

Mein Hund könnte ständig mit Tennisbällen spielen und würde niemals müde. Es ist toll, dass er so aktiv ist, obwohl ich mich frage, ob es gut für ihn ist.

Und der Sinn?

Mit Bällen zu spielen erregt Ihre Aufmerksamkeit, ist ein geselliges Spiel, befriedigt den Jagdtrieb und schüttet jede Menge Dopamin aus. Was will man mehr?

Was denkt sich mein Hund?

Diese Hundeleidenschaft leitet sich vom Beutefangverhalten (S. 104–105) ab. Durch den Umgang mit dem Ball befriedigt der Hund seine natürliche Jagdleidenschaft. Außerdem wird durch das Jagen, Fangen und Den-Ball-gegen-den-Gaumen-Drücken eine große Menge des Wohlfühlhormons Dopamin ausgeschüttet. Das kann gut für das Training des Rückrufs, von Heelwork to Music, Flyball und Agility sein. Von Bällen besessene Hunde brauchen aber zusätzliches Entspannungstraining vor, während und nach dem Ballspiel, um gesund zu bleiben.

Wenn der Tennisball die teuerste Währung für Ihren Hund ist, lassen Sie ihn sich jeden Wurf verdienen.

Was soll ich tun?

Sofort:

- **Wenn Sie einen** olympiareifen Ballapportierer wollen, werfen Sie weiter Bälle! Wenn nicht, bitten Sie ihren Hund zu warten oder etwas zu tun, bevor Sie den Ball werfen! So kann er vom Reagieren auf Lernen umschalten und sich beruhigen.
- **Während der Spaziergänge** stecken Sie den Ball ein und benutzen Sie Leckerli, damit Ihr Hund wieder in der Realität ankommt und die Welt um sich sieht und riecht.

Langfristig:

- **Bitten Sie Familienmitglieder und Freunde,** den Hund nicht durch das Werfen von Bällen zu ermutigen. Das würde den Hund sicher in Fahrt bringen, aber können sie ihn wieder beruhigen?
- **Beschränken Sie den Zugang** zu Bällen und verwenden Sie sie als besondere Belohnung.

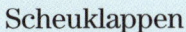

Scheuklappen

Aktive Hunde wie die Jagdhunde, Terrier und Hütehunde können sich auf Bälle konzentrieren, um stressige Situationen zu bewältigen. Wenn sie diese Scheuklappen aufsetzen, blenden sie die Realität aus. In diesem Zustand kann sie allerdings schon eine kleinere Veränderung überfordern und zu Bissen „aus heiterem Himmel" führen (S. 26–27).

Tunnelblick:
„Ich habe nur Augen für meinen Ball."

Nach vorn gerichtete Ohren verraten Interesse.

Das geschlossene Maul verrät eine ernsthafte Tätigkeit.

Die auf den Ball gerichtete Nase lädt zum Spielen ein.

PRAXISTIPPS

Mein neuer Hund

Willkommen zu Hause! Wie aufregend mag es für Ihren neuen Hund sein, in eine unbekannte Familie zu kommen. Das verlangt von Ihnen viel Einfühlungsvermögen und Geduld.

1
Zügeln Sie Ihre Erwartungen
Aaahh, ein neuer Hund – besser als Weihnachten, neue Bettwäsche und frisches Brot zusammen! Sie träumen von langen Spaziergängen und gemütlichem Kuscheln vor dem Kamin mit Ihrem neuen besten Freund. Doch vergessen Sie nicht, dass Ihr Hund eine ihm unbekannte Welt betritt und erst einmal viel Zeit, Platz und Verständnis benötigt, um sich in ihr zurechtzufinden.

2
Ruhiger Einstieg
Wenn Ihr Hund eintrifft, veranstalten Sie keine Party und überlassen Sie ihn nicht der Begeisterung der Kinder. Mit Leckerlis macht man sich allerdings auch zu Anfang Freunde!

3
Ein Raum pro Tag
Ihr neuer Hund möchte Ihr Heim langsam kennenlernen. Zeigen Sie ihm jeden Tag nur einen neuen Raum. Schließlich sieht er sich seine Umgebung ja nicht nur an – er nimmt auch ihren Geruch in allen Einzelheiten auf.

4
Wo ist das Klo?
Führen Sie Ihren Hund direkt nach der Ankunft aus, um ihm die Toilette zu zeigen. Zeigen Sie ihm sein „Schlafzimmer" und legen Sie ihm eine Decke mit seinem Geruch auf sein Körbchen. Oder ein Leckerli, das hilft ebenfalls.

5
Nicht zu schnell
Tierheimhunde benötigen drei Tage, um Ihr Heim, und drei Wochen, um Sie kennenzulernen. Doch Sie benötigen dafür mindestens drei Monate. Bauen Sie eine Bindung auf, bevor Sie sich in fremde Umgebungen wagen.

Mein Hund springt an mir hoch

Ich liebe es, wenn mein Hund bei meiner Heimkehr aufgeregt an mir hochspringt. Doch er springt auch an Besuchern hoch, sogar an unbekannten, und manchmal an mir ohne Grund.

Was denkt sich mein Hund?

Mit dem Hochspringen signalisieren Welpen: „Hallo, ich bin nur ein kleines Hündchen, tu mir nicht weh." Manche Hunde drücken so auch später noch ein enthusiastisches „Hi!" aus. Doch das Hochspringen kann auch eine andere Bedeutung haben. Es kann sein, dass Springen Ihre Aufmerksamkeit erregt und der Hund mehr davon haben möchte. Doch er könnte auch „Hilf mir!" sagen und etwas Erschreckendem entkommen wollen. Sie müssen herausfinden, warum er springt, bevor Sie entscheiden, wie Sie reagieren (S. 22–23).

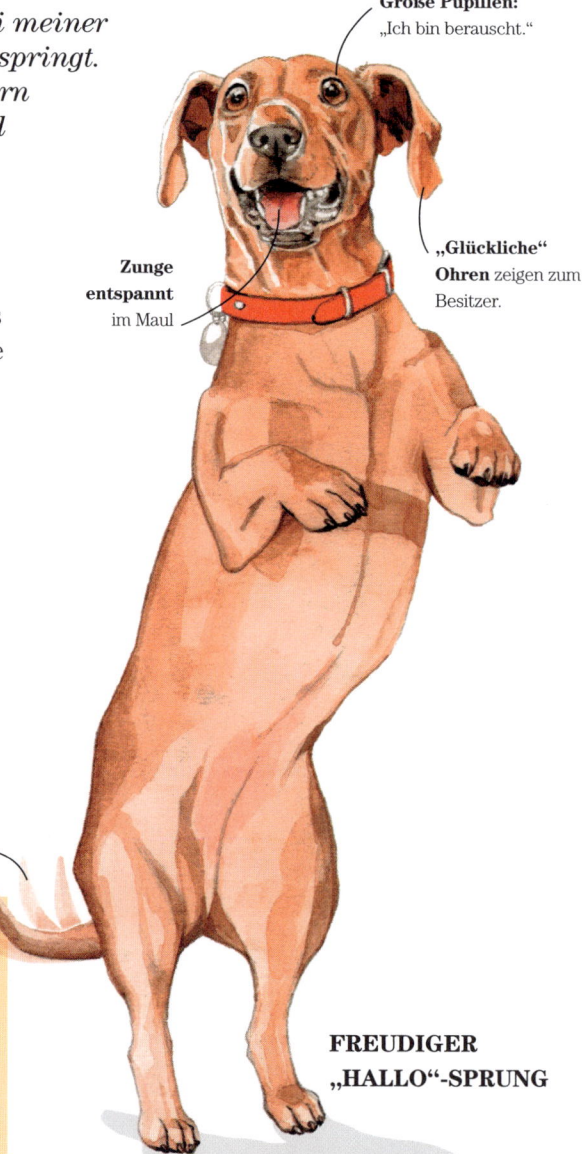

Große Pupillen:
„Ich bin berauscht."

„Glückliche" Ohren zeigen zum Besitzer.

Zunge entspannt im Maul

Schnell wedelnder Schwanz verbreitet seinen Geruch.

FREUDIGER „HALLO"-SPRUNG

Pfotensprache

Hunde besitzen Drüsen an den Füßen, mit denen sie überall Pheromone hinterlassen. Daher ist das Anspringen ein guter Weg, Sie wieder wie „Familie" riechen zu lassen, wenn Sie ohne ihn unterwegs waren.

Das Weiße der Augen warnt vor Unangenehmem.

Ohren beschwichtigend angelegt

Geschlossenes Maul deutet auf Spannung hin.

Adrenalin macht fluchtbereit.

Eingeklemmter Schwanz, um den Geruch zu verbergen

„HILF MIR"-SPRUNG

Was soll ich tun?

Manche Besitzer bringen Ihren Hunden ungewollt das Anspringen bei. Begrüßen Sie ihren Hund erst, wenn er sich beruhigt hat. Ihn in seinem Körbchen zu begrüßen, kann ihn dazu bringen, dorthin zu gehen, wenn Menschen ins Haus kommen.

Verschaffen Sie Ihrem Hund Sicherheit. Achten Sie auf Dinge, die ihn beunruhigen und nehmen Sie ihn auf den Arm, bevor er springt.

Wenn er springt, um Sie zum Spielen aufzufordern, spielen Sie nicht mit.

Damit er weniger springt:
- **Drehen Sie sich weg,** damit er sie nicht mit den Pfoten berührt.
- **Begrüßen Sie ihn,** ohne die Hände zu benutzen.
- **Werfen Sie bei der Ankunft Leckerli** auf den Boden, damit er mit allen Pfoten unten bleibt, wenn Leute ins Haus kommen.

„Hi!" und „Hilfe!" sind zwei Bedeutungen für das Hochspringen. Weitere Hinweise liefern Haltung, Schwanz, Ohren und Augen.

Mein Hund dreht sich im Kreis und bellt

In dem Moment, in dem ich die Leine hole, den Futternapf fülle oder zur Tür gehe, beginnt mein Hund, sich um sich selbst zu drehen und zu bellen. Es ist, als ob er ein Hochgeschwindigkeits-Musical vorführt!

Was denkt sich mein Hund?

Ihr Hund steckt voller Energie und er möchte, dass Sie sich beeilen. Hunde lernen dieses Verhalten, wenn es schneller zu einem Spaziergang oder einer Mahlzeit führt (S. 162–163). Es ist süß, wenn Welpen sich um sich selbst drehen und bellen, und vielleicht haben Sie durch Leckerli und Spielzeuge das Verhalten unbewusst belohnt. In diesem Fall freuen sich die Hunde einfach. Einige Hunde drehen sich aber auch, um den Stress des Wartens zu bewältigen. Sie sind ein wenig schwieriger zu bremsen.

Streichelautomaten

Es gibt Dinge, die wir dem Hund unbewusst beibringen. Anfangs mögen sie lustig sein, doch später werden daraus irritierende Angewohnheiten. Berührt Ihr Hund sie mit der Pfote, damit sie ihn streicheln, und wiederholt er das, wenn Sie aufhören? Die Belohnung mit weiterem Streicheln bringt ihn dazu, Gäste und Fremde zu belästigen. Es ist besser, wenn er sich Zuwendung erst verdienen muss.

Was soll ich tun?

Sofort:

- **Stoppen Sie, was Sie tun.** Wenn Ihr Hund die erwartete Belohnung nicht bekommt, möchte er etwas anderes probieren – und Sie können ihm etwas Neues beibringen.
- **Wenn Sie befürchten,** dass Ihr Hund gestresst ist, verringern Sie seine Hyperaktivität mit einem Futterspielzeug.

Langfristig:

- **Fordern Sie** ein alternatives Verhalten, bevor der Hund sich dreht. Später wird es das Drehen ersetzen.
- **Versuchen Sie es mit Mattentraining,** sodass der Hund sich auf Ihr Zeichen auf einen bestimmten Platz setzt.
- **Verändern Sie Ihre Routinen.** Die Leine hängt immer an der gleichen Stelle? Ihr Hund wird austicken, sobald Sie dorthin gehen. Legen Sie die Leine manchmal woanders hin, um den Bezug aufzulösen.

Bellen mit bedeckten Zähnen
in Erregung, nicht aus Furcht

Und der Sinn?

Das Drehen kann auf Freude, Erregung oder Frustration hindeuten. Lenken Sie den Hund, bevor er selbst aktiv wird.

Beim Drehen fliegende Haare können auf Stress oder Aufregung hindeuten.

Schnelle Bewegungen
können auf Frustration hindeuten.

"
Was soll Ihr Hund tun, statt sich zu drehen? Erfolgreiche Verhaltens-änderungen beginnen mit einem klaren Trainingsziel.
"

Mein Hund frisst Gras

Ich gebe ein Vermögen für gutes Hundefutter aus und mein Hund frisst Gras, wenn ich mit ihm spazieren gehe. Mein Nachbar sagt, dass er das tut, um erbrechen zu können. Hat er eine Fressstörung?

Was denkt sich mein Hund?

Das Verhalten Ihres Hunds ist nicht ungewöhnlich. Tatsächlich fressen fast alle Hunde Gras, vor allem die auch als Hundsgras bezeichnete Gewöhnliche Quecke. Doch es ist nicht ganz klar, warum. Wildhunde fressen oft zuerst die mit Gras gefüllten Mägen erbeuteter Pflanzenfresser. Hunde lieben auch den Kot der Pflanzenfresser, der ebenfalls Grasbestandteile enthält. Nach einer stressigen Auseinandersetzung fressen sie oft Gras, was ihnen wohl bei der Entspannung helfen oder der Furcht entgegenwirken kann. Manchmal fressen Sie auch in einer Gruppe Gras, was ein bisschen wie das Teilen von Nüssen in einer Kneipe wirkt!

Entgiftung?

Neben Chlorophyll enthält die Gewöhnliche Quecke Triticin, Schleimstoffe, Kalium, Zink und das Öl Agropyren, das antibiotische Eigenschaften hat und Blasen- und Nierensteine auflösen soll. Es wird auch schon lang in der Schweiz und in Frankreich als pflanzliches Heilmittel zur Nieren- und Leberentgiftung eingesetzt.

Was bedeutet es?

Niemand weiß es genau. Nach einer Theorie soll die Gewöhnliche Quecke lang genug sein, um Würmer im Darm zu binden, sodass die Hunde sie ausscheiden können. Nach einer anderen soll das Kitzeln des Grases im Hals den Hunden beim Erbrechen helfen, wenn es nötig ist.

Gras könnte fehlende Nährstoffe ergänzen. Das darin enthaltene Chlorophyll soll das Blut verbessern, Infektionen und Leberkrebs bekämpfen sowie die Verdauung unterstützen. Hunde können sich heutzutage ihre Nahrung nicht aussuchen, und sehr wenige Futtersorten enthalten frisches Gemüse. Mischen Sie daher halb gekochtes Gemüse wie Grünkohl, Brokkoli und Spinat mit normaler Nahrung.

Nach einer wissenschaftlichen Studie fressen fast 80 % aller Hunde jeden Tag Gras, während sich nur 8 % danach erbrochen haben. Also keine Sorge – das Fressen von Gras bedeutet nicht unbedingt, dass der Hund seinen Magen reinigen muss.

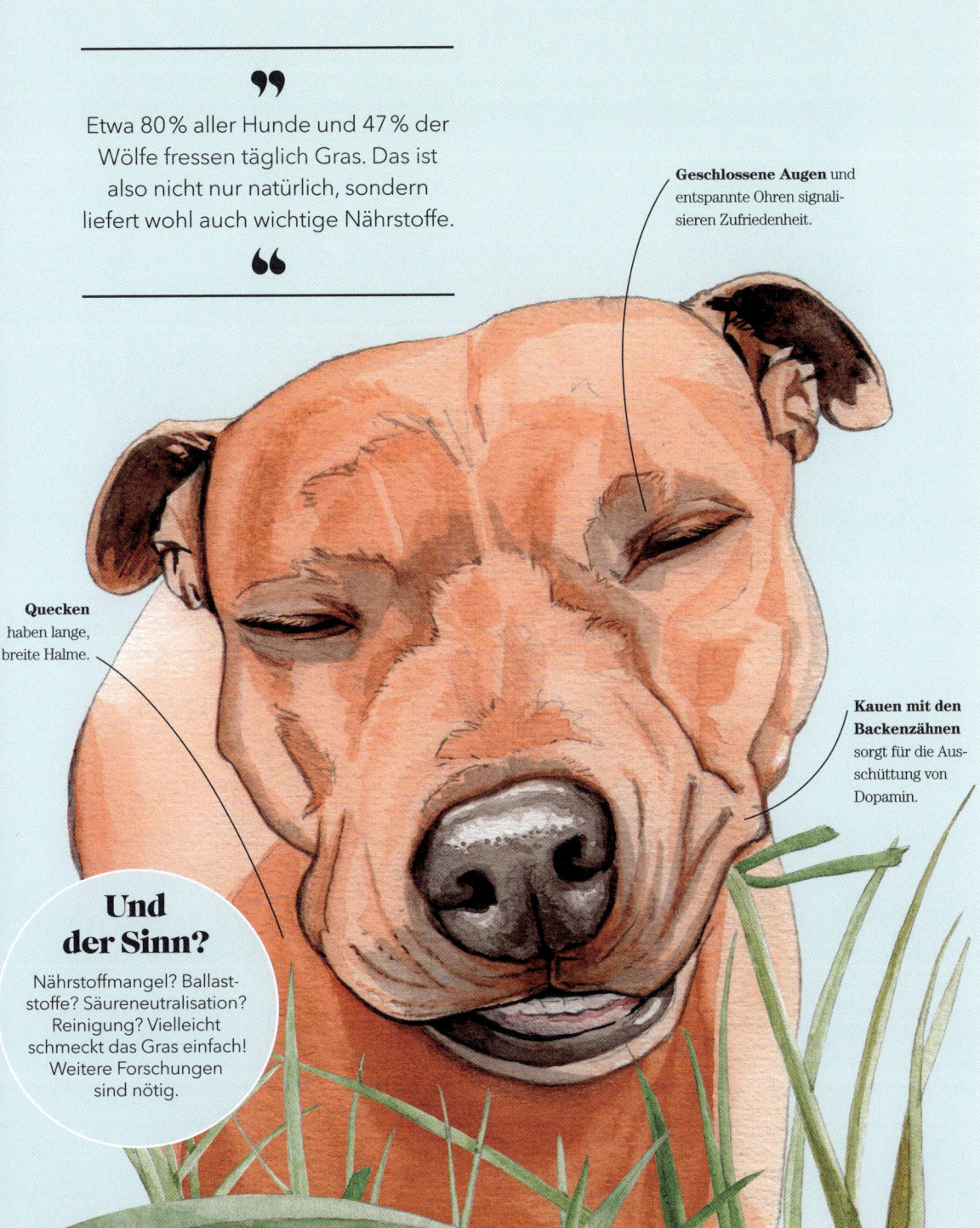

> Etwa 80 % aller Hunde und 47 % der Wölfe fressen täglich Gras. Das ist also nicht nur natürlich, sondern liefert wohl auch wichtige Nährstoffe.

Geschlossene Augen und entspannte Ohren signalisieren Zufriedenheit.

Quecken haben lange, breite Halme.

Kauen mit den Backenzähnen sorgt für die Ausschüttung von Dopamin.

Und der Sinn?

Nährstoffmangel? Ballaststoffe? Säureneutralisation? Reinigung? Vielleicht schmeckt das Gras einfach! Weitere Forschungen sind nötig.

PRAXISTIPPS

Welpen sozialisieren

Es ist Zeit, dass Ihr Welpe Straßen, Kinder, Fußbälle, Hüte, Katzen und mehr kennenlernt! Mangelnde Sozialisation führt oft dazu, dass Hunde abgegeben werden, also zögern Sie nicht!

1

Machen Sie einen Plan

Bei der Sozialisation eines Welpen kommt es auf das Timing an. Zeigen Sie Ihrem Welpen im Alter von acht bis 16 Wochen alles, was er als erwachsener Hund kennen sollte. Das sind nur zwei Monate für die verschiedensten Erfahrungen, sodass Sie dieses Training rechtzeitig und gut planen sollten!

2

Positive Assoziationen

Die Sozialisation ist ein Prozess, in der Nähe von verschiedenen Eindrücken, Geräuschen, Materialien und Gerüchen Sicherheit zu erlangen und ein angemessenes Verhalten in verschiedenen Situationen zu entwickeln. Leckerli helfen dem Welpen, positive Assoziationen mit den unterschiedlichsten Umgebungen aufzubauen.

3

Fair Play

Sie müssen die Zeichen fairen und unfairen Verhaltens (S. 120–123) erkennen können, bevor Sie Ihrem Welpen das Spielen mit anderen Hunden erlauben. Nur dann können Sie es überwachen.

4

Zwangloses Lernen

Während der Sozialisation ist es wichtig, die Leine locker zu halten. Wenn Welpen etwas Neues kennenlernen, können sie erschrecken oder Phobien bekommen, wenn Sie an der Leine ziehen.

5

Rückzugsort

Manchmal kann alles zu viel werden. Müde Welpen benötigen Ruhe und Rückzugsmöglichkeiten, sie brauchen einen Ort, an dem sie sich verstecken und sicher fühlen können.

Mein Hund reitet auf

Ich verstehe nicht, warum mein frecher Junge immer aufreitet. Ich habe ihn kastrieren lassen, doch er besteigt andere Hunde, Sofakissen, Spielzeuge, die Katze… und mich! Will er der Rudelführer sein?

Was denkt sich mein Hund?

Machen wir es nicht zu kompliziert – der Hund denkt, dass es schön ist! Aufreiten kann aber auch eine Reaktion auf Angst oder Frustration sein. Es funktioniert schnell, um Ihrem Hund ein angenehmes Gefühl und Kontrolle zu geben, wenn er gestresst ist. Sowohl Rüden als auch Hündinnen reiten auf, sogar, wenn sie kastriert sind. Und tatsächlich hat das Aufreiten nichts mit Dominanz zu tun. Die entsprechenden Tiere sind nämlich meist nicht die selbstsichersten

Hunde. Durch das Aufreiten wollen sie oft sich selbst oder den anderen Hund beruhigen.

Was soll ich tun?

Sofort:

- **Schreien Sie Ihren Hund nicht an,** da Sie sonst das Verhalten verstärken. Verlassen Sie den Raum oder entziehen Sie ihm Ihre Aufmerksamkeit.
- **Wenn Ihr Hund sich** auf das Aufreiten vorbereitet, geben Sie ihm etwas zum Kauen, damit er sich beruhigen kann.
- **Rufen Sie Ihren Hund zurück,** wenn er seinen Kopf über den Rücken eines anderen schiebt – er möchte vielleicht aufreiten. Unsichere Hunde können das nach einer Begrüßung tun oder wenn sie sich bedroht fühlen (S. 116–119).

Langfristig:

Achten Sie auf die Umstände, unter denen Ihr Hund aufreitet. Hat Ihre Lieblingsfernsehserie begonnen, jemand den Raum betreten oder ist ihm etwas weggenommen worden?

Soll ich ihn kastrieren lassen?

Es ist ein sogar unter Tierärzten verbreiteter Irrtum, dass Aufreiten durch eine Kastration reduziert wird, da es ein sexuell bestimmtes Dominanzverhalten sei (S. 24–25). Es gibt keinen wissenschaftlichen Nachweis, dass die Kastration etwas anderes beeinflusst als das Streunen – also das Verfolgen von nicht kastrierten, läufigen Hündinnen. Die Kastration verhindert nicht das Aufreiten und kann sogar die Aggressivität bei ängstlichen Hunden verstärken, die nicht möchten, dass andere ihren Status durch Riechen am Hinterteil entdecken.

Selbstsichere Hunde reiten nicht bei jeder Gelegenheit auf. Sie brauchen es nicht – ihre Haltung und ihr Geruch sprechen für sich.

Zurückgelegte Ohren, wenn das Gehirn sagt: „Beweg dich etwas zurück und nach unten."

Schwanz und Zunge verraten Konzentration.

Vorderbeine halten das „Opfer".

Und der Sinn?

Aufreiten hat eine sexuelle Funktion, und es ist auch eine Möglichkeit für den Hund, sich auszudrücken und zu beruhigen, wenn er sich unsicher fühlt.

Mein Hund ist ein Star

Mein Hund ist ein Star! Er hat jede Menge Follower in den sozialen Medien und eine größere Garderobe als ich. Die Menschen lieben ihn und ich liebe es, sein Manager zu sein.

Was denkt sich mein Hund?

Es ist wunderbar, wenn Sie denken, dass die Welt Ihren Hund so liebt, wie Sie es tun. Doch zu leicht wird man von den Likes abhängig und beschäftigt sich nur noch damit, seinen haarigen Freund einzukleiden. Manche Hunde genießen es, Ihre volle Aufmerksamkeit zu erhalten, doch die meisten fühlen sich mit Tutu oder Zylinder eher unwohl. Achten Sie auf die Körpersprache Ihres Hunds. Er mag gestresst sein und denken: „Ich laufe jederzeit lieber durch den Park als über den Catwalk."

Was soll ich tun?

Wenn Sie Ihren Hund beim Anziehen festhalten müssen, fühlt er sich vermutlich nicht wohl. Wenn er hechelt oder erstarrt, empfindet er Stress. Sie können ihn mit Leckerli und Geduld dazu bringen, Kostüme zu tragen (S. 172–173), doch lassen Sie ihn in Ruhe, wenn er nicht will.

Denken Sie an die Rasse und ihr Fell. Hunde mit dickem Fell überhitzen leicht im Pullover. Modische

Sind die Accessoires für Ihren Hund oder ist er Ihr Accessoire? Die Schönheit eines Hunds ist nicht äußerlich.

Accessoires können auch unbequem sein – und ein Leuchthalsband ist nur so lang eine gute Idee, bis der Hund es abreißt und zerbeißt!

Verbringen Sie mehr Zeit mit den Social Media als mit Ihrem Hund? Planen Sie lieber eine Stunde Spiel, Training oder Spaziergänge ein.

Fragwürdiger Spaß

Hunde erkennen, wenn man sie auslacht. Wie wir sind sie soziale Wesen, die Gefühle und Gesichtsausdrücke eines Freunds wahrnehmen und durch Nachahmung lernen. Das Einkleiden deprimiert nicht nur den Hund, sondern ermutigt auch die nächste Generation, sich über ihn lustig zu machen. Wollen Sie ein derartiger Influencer sein?

Und der Sinn?

Aufgebrezelte Welpen? Welchen Sinn sehen Sie darin, Ihren Hund einzukleiden, und sind Sie sicher, dass er damit glücklich ist?

Gerunzelte Stirn
verrät Spannung.

Zurückgelegte Ohren:
Das, was auf ihm sitzt, beunruhigt ihn.

Das Weiße der Augen
verrät Unbehagen.

Hecheln zur Stressreduktion

Schuhe bedecken die Drüsen und können zu Überhitzung führen.

Mein Hund schnüffelt an absolut allem

Mein Hund verbringt sein Leben mit Schnüffeln. Ist er ein Kunst-kenner und an jedem Laternenmast befindet sich eine Mona Lisa, die er jeden Tag inspizieren muss? Was ist daran so faszinierend?

Was denkt sich mein Hund?

Für Ihren Hund ist das Schnüffeln so ähnlich wie das Checken der sozialen Medien für Sie. Die empfindliche Nase kann Updates von anderen Tieren lesen, etwa die Zeit des Besuchs und die Richtung der Fortbewegung, die Art, das Alter, den reproduktiven Status, die Nahrung und die Gesundheit – alles aus ein paar Tröpfchen Urin. Ihr Hund mag auch das Bein heben, um ein „Like" oder eine Antwort zu hinterlassen! Respektieren Sie die Welt des Geruchs – doch lassen Sie sie nicht die Spaziergänge bestimmen.

Beruhigung

Schnüffeln ist auch ein Signal, mit dem Hunde Menschen und Artgenossen zur Beruhigung auffordern. Wenn wir unsere Hunde stressen, können sie die Nase am Boden halten oder zum Schnüffeln davonschießen, um eine Situation zu entspannen. Schauen Sie, wie Sie sich fühlen, und wenn Sie die Aufmerksamkeit Ihres Hunds wollen, hören Sie auf die Stirn zu runzeln (S. 92–93 und 168–169).

Was soll ich tun?

Sofort:

- **Vier ist fair!** Fordern Sie Ihren Hund auf, sich jede vierte Stelle anzusehen („Schau!"). Erlauben Sie ihm 2–5 Minuten zu schnüffeln.
- **Dann gehen Sie weiter.** Gehen Sie mit einem Kommando wie „Komm!" weg und loben Sie ihren Hund, wenn er nachkommt. Wenn Sie ihn zu sanft auffordern, wird er Sie möglicherweise ignorieren.

Langfristig:

- **Im Park** können Sie das Schnüffeln spielerisch in die richtigen Bahnen lenken. Laufen Sie vor und verstecken Sie ein Leckerli in einem Gras-büschel. Dann warten Sie, bis der Hund ankommt und das Leckerli findet. Laufen Sie schnell wieder weg und wiederholen Sie das Spiel.
- **Widmen Sie einen Spaziergang** vollständig dem Schnüffeln. Gehor-samkeitsspiele sorgen dafür, dass Ihr Hund zwischendurch immer wieder zu Ihnen zurückkommt.

Dylan
Labrador, 5, nicht kastriert: „Ich habe das Katzenfutter geklaut!"

Barney
Beagle, 3, kastriert: „Habe hier gestern auf dem Heimweg gepinkelt."

Jenny
Cockapoo, ½: „Ich bin neu hier, sei mein Freund!"

Schwanzwedeln
als Reaktion auf die Geschichten

Äußere Faktoren wie ein ungeduldiger Besitzer spielen keine Rolle.

Und der Sinn?
„Chatten", jagen, das Revier markieren, andere Arten entdecken, uns zur Beruhigung auffordern und mehr – das Schnüffeln hat verschiedene Bedeutungen.

Lesen, in komplexen Informationen versunken

Geschlossenes Maul zum besseren Riechen

PRAXISTIPPS

Gassi gehen

Sie bekommen auf jeden Fall mehr Bewegung! Doch das Gassi-gehen kann ein Traum oder ein Albtraum sein, je nachdem, wie viel Training Sie in das Gehen an der Leine investiert haben.

1
Jeden Tag
Wenn Ihr Hund nicht zu ängstlich ist, gehen Sie täglich mit ihm, damit er nicht durchdreht. Er wird entspannter sein, wenn er mal allein gelassen wird, und bleibt insgesamt sozialisiert mit der Welt.

2
Spaß haben
Stecken Sie Leckerli und Spielzeuge für schöne Erinnerungen ein. Auch für Kinder würden Sie einen Fußball oder das Frisbee mitnehmen. Planen Sie, auch mit Ihrem Hund viel Spaß zu haben.

3
Hier und jetzt
Nehmen Sie die Kopfhörer heraus und stecken Sie das Smartphone in die Tasche. So können Sie die Mätzchen Ihres Hunds genießen, auf ihn achten und eine stärkere Bindung aufbauen.

4
Abwechslung
Variieren Sie die Route, damit es spannend bleibt. Wechseln Sie zwischen Straße, Park und Training. Schieben Sie einen „Schnüffel-spaziergang" ein oder eine Strecke quer durch die Stadt!

5
Halsbänder
Nutzen Sie ein breites, gepolstertes Halsband oder ein Geschirr. Würge- oder Zug-stopphalsbänder sowie Schlupfleinen verursachen Schmerzen und machen den Spaziergang unangenehm.

6
Locker bleiben
Wenn Sie den Hund an der locker gehaltenen Leine trainieren, können Sie seine Reaktionen auf andere Hunde und Menschen verbessern, was von Vorteil für alle Beteiligten ist (S. 170–171).

ZWEITES KAPITEL

Mein Hund und ich

Eine tiefe, lebenslange Beziehung zu einem Hund aufzubauen, ist eine beglückende Erfahrung. Er beweist uns täglich, dass wir der Mittelpunkt seiner Welt sind – auch wenn wir seine Methoden manchmal missverstehen.

Mein Hund bettelt beim Essen

Wenn ich beim Essen nach unten sehe, ist da ein kleines Gesicht mit großen Augen, dem ich nicht widerstehen kann. Was schadet es schon, wenn ich meinem armen, hungrigen Hund ein oder zwei Würste gebe?

Und der Sinn?

Hunde, die auf Menschen niedlich wirkten, wurden besser gefüttert, sodass sie mehr Welpen bekommen und das „Niedlich-Gen" weitergeben konnten.

Was denkt sich mein Hund?

Hier gibt es keinen Irrtum – das ist ein unverhohlenes „Biiittee?". Hunde setzen einen besonderen Muskel ein, um die inneren Augenbrauen zu heben. So wirken ihre Augen größer und kindlicher. Eine Untersuchung zeigt, dass Hunde diesen Muskel in Tausenden von Jahren der Domestikation entwickelt haben, um Menschen anzusprechen. Der Zusammenhang ist klar: Ihr Hund möchte Futter, einen Spaziergang oder Aufmerksamkeit. Vielleicht ist er auch ängstlich oder möchte Sie beschwichtigen (S. 64–65, 178–179).

Mit ihren großen Augen und dem runden Kopf rühren Hunde uns, denn sie erinnern uns an ein Baby.

Was soll ich tun?

Sofort:

- **Wenden Sie den Blick ab,** wenn Sie das Verhalten nicht verstärken wollen. Augenkontakt ist die größte Belohnung für den Hund, sodass er mit seinem Tun fortfährt, wenn es erfolgreich ist.
- **Wenn Ihr Hund ängstlich ist,** helfen Sie ihm. Doch wenn er nur Futter oder Aufmerksamkeit will, lassen Sie ihn abblitzen.

Langfristig:

- **Verpflichten Sie jeden** – auch dich, Opa! – nicht auf den bettelnden Hund zu reagieren. Eine nachgiebige Person reicht aus, und der Hund bettelt jeden an.
- **Gesundheit ist wichtiger.** Den Hund für seinen Blick zu belohnen, mag die Bindung stärken, ist aber keine Liebe. Wollen Sie mit zusätzlichen Spaziergängen den angefressenen Speck abarbeiten?

Der runde Kopf lässt den
Hund wie ein Baby wirken.

Die großen Augen
sagen: „Liebe mich!"

Trauriges Gesicht

Wir übertragen schnell
menschliche Gefühle auf ein
Tier, doch der schuldbewusst
blickende Hund ist ein Märchen
(S. 24–25). Was Hunde tun, hat für
sie einen Nutzen oder auch nicht, sodass sie
richtig und falsch nicht unterscheiden. Doch
Sie lernen, dass ein trauriges Gesicht Sie
beschwichtigt, wenn Sie schimpfen. Bestrafen sie kein „schuldbewusstes" Aussehen –
Hunde wissen nicht, was sie getan haben!

**Nach vorn gerichtete
Ohren** – das Gesicht
wirkt noch niedlicher.

Mein Hund leckt mein Gesicht

Mein Hund frisst eklige Sachen und küsst mich dann! Ich weiß, dass es Liebe ist, doch die Kinder sollte er in Ruhe lassen.

Und der Sinn?

Für Hunde ist das ein Zeichen der Zuneigung, des Respekts und der Beschwichtigung sowie eine Chance, Informationen zu sammeln und um Futter zu betteln.

Was denkt sich mein Hund?

Ihr Hund sagt, dass er Sie liebt, und sammelt gleichzeitig Informationen aus den Pheromonen in Ihrem Speichel und aus den Drüsen um Ihren Mund. Außerdem verleiht er Ihrem Gesicht seinen Geruch. Welpen tun das während der Entwöhnung, weil es die Eltern anregt, halb verdautes Fleisch für sie hervorzuwürgen – ein wenig, wie ein Kleinkind sich auf die Einkaufstasche stürzt. Aber seien Sie vorsichtig: Im Hundespeichel können Salmonellen und gefährliche Formen von *Escherichia coli* enthalten sein.

Hundediagnose?

Medizinische Warnhunde beweisen, dass Hunde Krankheiten von Diabetes bis zu Krebs erkennen können. Ihre Nasen sind so sehr daran gewöhnt, uns jeden Tag zu riechen, dass sie uns beschnüffeln, mit den Pfoten berühren oder uns lecken, wenn sie einen Unterschied im Geruch bemerken, der auf ein gesundheitliches Problem hinweisen könnte.

Was soll ich tun?

Sofort:

- **Das hängt von Ihnen ab,** doch Lachen oder Loben wird zu einer kompletten Gesichtswäsche führen!
- **Wenn jemand nicht geleckt** werden möchte, sollte er kein Aufheben darum machen, denn sonst wird ihn der Hund noch mehr lecken, um zu zeigen, dass er keine Bedrohung ist. Er sollte einfach weggehen und zeigen, dass er nicht interessiert ist.

Langfristig:

- **Wenn Leute nicht geleckt** werden sollen, sollte der Hund es auch nicht an Ihnen üben dürfen.
- **Gesicht an Gesicht** – das ist für einen Hund eine Konfrontation. Zum Glück belässt es der eigene Hund meist bei einem liebevollen Lecken, doch daran gewöhnte Kinder sollten fremden Hunden nicht zu nahe kommen.

> **"**
> Das Lecken des Gesichts ist für Hunde ein Akt der sozialen Bindung. Für Menschen mit labiler Gesundheit kann es aber gefährlich sein.
> **"**

Ohren leicht zurückgelegt, respektiert Ihren Platzbedarf

Freundliche Augen schauen, ob es Ihnen gut geht.

Zunge erkundet ein Maximum an Geruchsinformationen.

Weiches Maul und bedeckte Zähne: „Ich bin keine Bedrohung."

Mein Hund gähnt mich an

Jeden Tag will mein Hund kuscheln, doch nach fünf Minuten gähnt er mich an. Langweile ich ihn so sehr?

Was denkt sich mein Hund?

Ja, er findet Sie langweilig! Nur ein Scherz! Tatsächlich drückt er verschiedene Dinge mit dem Gähnen aus. Gähnen kann „Hallo!", „Beeil dich!", „Hilfe!", „Ich kann nicht warten", „Ich bin so aufgeregt!", „Ich will das nicht!", „Ich verstehe nicht" oder „Was machen wir als Nächstes?" bedeuten. Hunde gähnen oft als Übersprungshandlung und als Beruhigungssignal, das sie bei leichtem Stress zur Auflösung von Spannung nutzen (S. 22–23). Gähnen hat auch eine wichtige biologische Funktion für den Hund, indem es ihn durch Sauerstoffaufnahme für die Versorgung von Gehirn und Muskeln auf eine Aktion vorbereitet.

Gegenseitiges Verstehen

Gähnen ist eins der artenübergreifenden Verhalten, die von Menschen und Hunden zum Ausdruck von Frustration oder Erwartung benutzt werden. Wenn Sie gähnen, könnte sich Ihr Hund fragen: „Was denkt mein Mensch gerade?" Wenn Sie neben einem befreundeten Hund gähnen und sich strecken, wird er oft herankommen und Ihnen das Gesicht lecken, um „Hallo" zu sagen.

Was soll ich tun?

Sofort:

- **Stecken Sie** Ihrem Hund nicht die Finger in den Hals. Das ist gemein!
- **Betrachten Sie** den Zusammenhang. Erwartet Ihr Hund etwas Lustiges, Erschreckendes oder Frustrierendes? Will er auf etwas Stressiges hinweisen (S. 20–21)?
- **Hören Sie beim Gähnen hin.** Ist da ein Quietschen oder Seufzen? Hunde verbinden das Gähnen oft mit Lauten, damit es dramatischer wirkt und Sie aufmerksam werden oder wie gewünscht reagieren. Vielleicht wartet Ihr Hund auf einen Spaziergang.

Langfristig:

- **Bringen Sie Familie und Freunden bei,** dieses kleine Stresssignal zu erkennen und auf die Frage Ihres Hunds entsprechend zu reagieren, etwa durch das Öffnen einer Tür oder das Beenden einer Umarmung.
- **Registrieren Sie das Muster** des Gähnens Ihres Hunds. Gibt es eine Übereinstimmung, etwa einen Hund im Park, der vielleicht doch kein so guter Freund ist?

Hunde können gähnen, ohne die oberen Zähne zu zeigen. Falls der Hund sie Ihnen zeigt, ist er wahrscheinlich frustriert.

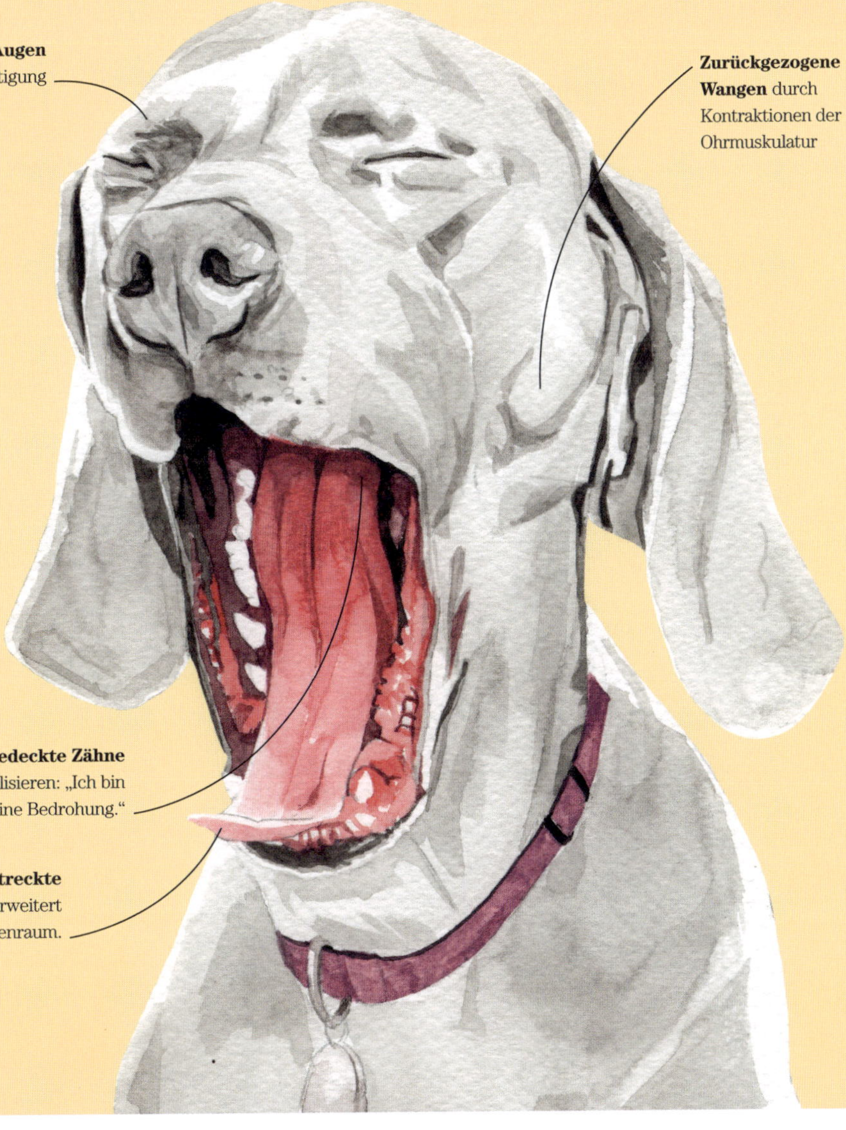

Geschlossene Augen
als Beschwichtigung

Zurückgezogene Wangen durch Kontraktionen der Ohrmuskulatur

Bedeckte Zähne
signalisieren: „Ich bin keine Bedrohung."

Die gestreckte Zunge erweitert den Rachenraum.

PRAXISTIPPS

In der Stadt

Ob Sie in der Stadt oder auf dem Land wohnen – lehren Sie Ihren besten Freund, an Straßen aufzupassen. Das ist wichtig für Welpen und ein gutes Ablenkungstraining für ältere Hunde.

1
Gutes Timing
Loben Sie Ihren Hund, wenn er vor Fahrrädern und Bussen zurückschreckt. Passen Sie den richtigen Moment ab, um das „Hilfe!" in ein „Jaaaa!" zu verwandeln und die Ängstlichkeit zu verringern.

2
Pause machen
Wenn Ihr Hund im städtischen Durcheinander gestresst wirkt, gehen Sie mit ihm in eine ruhige Nebenstraße, wo sie ihn beruhigen können, indem Sie ihn ausgiebig schnüffeln lassen.

3
Langsam angehen
Lassen Sie es langsam angehen, wenn Sie Ihren Welpen in eine hektische Umgebung mitnehmen. Beginnen Sie mit einem Training von 10–15 Minuten und steigern Sie es langsam.

4
Leckerli
Nehmen Sie beim Gehen ein Leckerli heraus und halten es vor die Nase des Hunds, damit er problemlos an Menschen und anderen Hunden an Engstellen des Bürgersteigs vorbeikommt.

5
Locker lassen
Lassen Sie die Leine locker und sprechen Sie entspannt, damit der Hund sieht, dass Sie diese seltsamen und hektischen Orte genießen und er das auch tun kann (S. 26–27 und 170–171).

6
Sind wir schon da?
Arbeiten Sie auf ein Ziel hin, etwa den Besuch eines hundefreundlichen Cafés oder eines anderen Orts, wo der Hund einen Kauknochen oder Snack bekommt. Er wird sich daran erinnern!

Mein Hund verbeugt sich

Manchmal senkt mein Hund seinen Vorderkörper ab, als ob er sich verbeugen möchte. Bei anderen Hunden im Park verhält er sich ähnlich. Ist das ein Spiel oder wollen sie kämpfen?

Was denkt mein Hund?

Diese freundliche Geste ist eine Bitte um Erlaubnis: „Was möchtest du gern spielen?" Die Vorderkörpertiefstellung ist eine der nettesten Methoden, mit denen Ihr Hund einen anderen – oder Sie – einladen kann, durch Spielen eine engere Beziehung einzugehen (S. 116–119). Es bedeutet auch, dass alles, was nun passiert, nicht ernstzunehmen ist. Hunde sind geschickt darin, Frieden zu bewahren, und manchmal nehmen Sie die Vorderkörpertiefstellung ein, wenn ein gestresster Hund sie ein wenig zu intensiv begrüßt. Mit ihrer komischen Einlage wollen sie den anderen Hund beruhigen.

Und der Sinn?

Die Hauptfunktion der Vorderkörpertiefstellung bei Hunden ist zu sagen: „Ich bin bereit für ein bisschen Spaß. Hat jemand Lust mitzumachen?"

Entspannter, fröhlicher Gesichtsausdruck sagt: „Lass uns miteinander spielen!"

Eine ritualisierte Verbeugung, als ob der Hund „En garde!" sagen wollte.

Wedelnder Schwanz in neutraler Position zeigt, dass der Hund nicht übermäßig erregt ist.

Beim Hund sind in dieser Haltung Alter, Energie und Beweglichkeit zu erkennen.

Was soll ich tun?
Sofort:

- **Imitieren Sie seine Haltung!** Dieses Verhalten können Hunde leicht verstehen, und sie lieben es, wenn Sie es vorführen.
- **Rufen Sie Ihren Hund** zurück, wenn er nicht an der Leine ist und sich vor einem angeleinten Hund verbeugt. Sonst könnten beide frustriert werden, da sie nicht miteinander spielen können.

Langfristig:

Nutzen Sie die Vorderkörpertiefstellung, um ihren Hund von anderen Hunden zurückzurufen. Halten Sie ein Leckerli in einer Hand, rufen Sie Ihren Hund und schwingen die Hand von über dem Kopf zu den Füßen. Er denkt, dass Sie ihn in bester Laune zum Spielen einladen.

Erbeuten oder spielen?

Ein „Prey bow" findet vor dem Sprung auf die Beute statt und ist angeboren (S. 104–105). „Play bow" und „Prey bow" sehen ähnlich aus, da der „Play bow" ein ritualisierter „Prey bow" ist. Ritualisierte Verhaltensweisen sind abgeschwächte Versionen wichtiger Überlebenshandlungen, die im Lauf der Zeit eine soziale Funktion angenommen haben. So ist der „Play bow" eine harmlose Version einer ernsten Jagdhandlung, ähnlich wie ein Kinderspiel mit Spielzeugschwertern.

Mein Hund pinkelt zur Begrüßung

Ich liebe die Begrüßung durch meinen Welpen, nur leider wird sie dadurch verdorben, dass er auf den Boden pinkelt und auch mich nicht verschont!

Und der Sinn?

Urin informiert über das Alter und die Geschlechtsreife des Hunds. Mit dem Leeren der Blase sagen Welpen: „Hallo, ich bin jung, sei nett zu mir!"

Was denkt sich mein Hund?

Ihr Hund feiert mit dem Pinkeln entweder Ihre Ankunft oder er hat Angst, nicht gut behandelt zu werden. Welpen haben einen schnelleren Stoffwechsel und weniger Kontrolle über ihre Blase als ältere Hunde, sodass sie bei Aufregung oder Stress leicht undicht werden. Sie haben auch winzige Blasen: Die eines Labradors ist so groß wie eine Zitrone und die eines Yorkshire Terriers so groß wie eine große Weintraube. Daher ist es wichtig, beim Training der Stubenreinheit mit Welpen pünktlich jede Stunde vor die Tür zu gehen.

Lauf … zur Toilette!

Haben Sie schon einmal Verstecken gespielt und mussten plötzlich zur Toilette? Adrenalin befiehlt dem Körper, überflüssigen Ballast loszuwerden, falls man um sein Leben rennen muss. Ausbrüche von Freude oder Angst führen beim Hund zu einer ähnlichen Reaktion.

Was soll ich tun?
Sofort:

- **Erwarten Sie einen Springbrunnen,** wenn Sie nach Hause kommen, und bringen Sie Ihren Welpen sofort nach draußen, wo Sie ihn für das Pinkeln draußen loben.
- **Schimpfen Sie nicht,** wenn etwas danebengeht, sonst setzt sich diese Reaktion in Ihrem Hund fest.
- **Versuchen Sie sich nicht** über Ihren Welpen zu beugen – vor allem nicht in engen Fluren –, da er sonst pinkelt, um sich zu unterwerfen. Ist Ihr Hund nervös, knien Sie sich bei der Begrüßung hin oder werfen Sie einen Ball, um seine Aufmerksamkeit abzulenken.

Langfristig:

Lassen Sie einen Tierarzt einen erwachsenen Hund untersuchen, der immer noch pinkelt, wenn Sie heimkommen. Möglicherweise hat er eine Harnwegsinfektion, einen Nierenschaden oder Diabetes.

Augen sanft: freund-
liche Beschwichtigung

Offenes Maul,
vor Begeisterung
hechelnd

**Ohren freudig auf-
gerichtet,** laden zum
Streicheln ein.

**Zur Begrü-
ßung** hoch
erhobener
Schwanz

„

Ihr Welpe wird
irgendwann nicht
mehr „Hallo!" pinkeln.
Bis dahin bleiben Sie
bei der Begrüßung
ruhig und halten
Sie Küchenpapier
bereit!

„

Mein Hund bringt mir zur Begrüßung ein Geschenk

Wenn ich heimkomme oder jemand mich besucht, bringt mein Hund immer ein Geschenk: Schuhe, Spielzeuge und sogar das Hundebett. Aber er will es nicht hergeben.

Was denkt sich mein Hund?

Dies ist eins der lustigsten Missverständnisse zwischen Mensch und Hund. Etwas festzuhalten hilft Hunden sich zu entspannen und hat nichts mit einem Geschenk zu tun. Wenn der Hund aufgeregt ist, legt sich ein Schalter in seinem Gehirn um und er denkt: „Ich muss etwas festhalten!" Und da Sie oder Ihr Besuch für den Hund aufregend sind, braucht er etwas, um mit diesem Gefühl umzugehen und sich zu beruhigen. Nehmen Sie ihm also nicht sein „Geschenk" weg – er braucht es! Am häufigsten findet man dieses Verhalten bei Apportierhunden wie den Retrievern (S. 14–15).

Geschenkebringer ergreifen irgendein Ding, wobei es ihnen ziemlich egal ist, worum es sich handelt. Sie können es einfach nicht loslassen.

Was soll ich tun?

Sofort:

- **Loben Sie Ihren Hund** für das Bringen des Geschenks, aber nehmen sie es nicht weg. Sobald er sich entspannt hat, wird er es weglegen.
- **Wenn der Gegenstand** für Ihren Hund schädlich sein könnte, rufen Sie ihn und halten ihm ein Leckerli hin, damit er tauschen kann. Halten Sie auch eine Alternative – etwa ein Spielzeug – bereit, falls der Hund etwas zur Beruhigung braucht.
- **Verjagen Sie Ihren Hund nicht** und schimpfen Sie nicht mit ihm. Das könnte Ihre Bindung zerstören, das Apportieren verhindern und ihn lehren, Dinge durch Verschlucken zu schützen (S. 140–141).

Langfristig:

Trainieren Sie Ihren Hund, etwas Gewünschtes zu bringen, wie Pantoffeln, indem Sie mithilfe von Leckerli „Suchen" üben. Dann bewahren Sie die Leckerli in Nähe der Tür auf und lassen Ihren Hund danach suchen.

„Glückliche" Ohren laden zum Kraulen ein.

Das Festhalten führt zur Dopamin-Ausschüttung.

Halb geschlossene Augen zur Beschwichtigung verraten Freude.

Schnelles Wedeln: „Du bist zu Hause!"

Und der Sinn?

Etwas zwischen den Zähnen zu halten führt zur Dopaminausschüttung, die verhindert, dass Ihr Hund vor Freude explodiert!

PRAXISTIPPS

Allein zu Haus

Wenn Sie nicht Ihren Job und Ihr Sozialleben aufgeben wollen, müssen Sie Ihren Welpen auch einmal allein zu Hause lassen. Sie müssen ihm beibringen, dabei entspannt zu bleiben.

1

Ablenkungen tagsüber

Achten Sie darauf, dass Ihr Welpe drei oder vier Dinge hat, auf denen er herumkauen kann, während Sie in einen anderen Raum gehen. Wenn er nicht folgen kann, wird er vielleicht winseln, sich dann aber mit den Spielzeugen beschäftigen. Dann sollten Sie zurückkehren! Der Welpe hat gelernt, dass Kauen und Spielen Ihre Rückkehr sichert, und das soll er während Ihrer Abwesenheit auch tun.

2

Langsame Steigerung

Die beste Zeit, die Trennung zu üben, ist, wenn der Welpe geistig oder körperlich gefordert war oder etwas zu fressen hatte. Sie sollten diese Trennungszeiten innerhalb von mindestens zwei Monaten nach und nach verlängern. Wenn Ihr Hund seinen Korb, die Türen oder die Fußleisten vor Frustration beschädigt, sind Sie in einem zu kurzen Zeitraum zu lang abwesend gewesen.

3

Getrenntes Schlafen

Lassen Sie Ihren Welpen vom ersten Tag an in einem Korb schlafen, der nicht in Ihrem Schlafzimmer steht, damit er sich an sechs bis acht Stunden Alleinsein gewöhnt.

4

Ihn winseln lassen?

Experten rieten früher dazu, Welpen nachts winseln zu lassen, doch die Hunde müssen wissen, dass Sie da sind, um sie zu beschützen. Sie sollten also nachts einen weinenden Welpen beruhigen, doch dann sollten Sie wieder ins Bett gehen. Bleiben Sie konsequent, dann wird sich Ihr Welpe schließlich daran gewöhnen und einschlafen.

Mein Hund ist eifersüchtig

Wenn ich auf dem Sofa sitze, schubst er meinen Partner und die Katze aus dem Weg, um auf meinen Schoß zu gelangen, und dann lässt er sie nicht wieder an mich heran.

Was denkt sich mein Hund?

Eifersucht ist aus Hundeperspektive eine Kombination aus Liebe, Angst und Frustration. Die Erfahrung Ihres Hunds wird sein zukünftiges Verhalten bestimmen. Wir können uns vormachen, dass die Eifersucht lustig ist, doch tatsächlich hat der Hund Angst, Ihre Zuwendung zu verlieren, und versucht den Zugang zu Ihnen zu kontrollieren. Er muss lernen, dass er Ihnen etwas bedeutet, auch wenn neue Menschen und Tiere in Ihr Leben treten, und dass es wertvoll für ihn ist, Sie mit anderen teilen zu können.

Und der Sinn?

Für Hunde sind Nahrung, Spaziergänge und Liebe überlebenswichtig, und wenn Eifersucht funktioniert, verhalten sie sich weiterhin so (S. 22-23).

Sie sind der Mittelpunkt der Welt Ihres Hundes, doch Sie müssen ihm beibringen, dass er nicht immer Ihre Aufmerksamkeit haben kann.

Was soll ich tun?

Sofort:

Schimpfen Sie nicht, wenn Ihr Hund eifersüchtig ist oder sogar zwickt. Sonst lernt er, dass die Gegenwart anderer bedeutet, dass er beschimpft wird. Dann wird er noch unsicherer.

Langfristig:

- **Lassen Sie Ihren Hund nicht** Ihre Beziehung zu seiner „Konkurrenz" unterbrechen, indem er eine Kontrollposition einnimmt. Tut er es, schieben Sie ihn ruhig zur Seite.
- **Machen Sie das Teilen** Ihrer Aufmerksamkeit wertvoll für den Hund. Loben Sie ihn für seine Geduld mit der „Konkurrenz".
- **Rationieren Sie** Zuneigung und physischen Kontakt. Haben Hunde immer leichten Zugang, werden sie wütend, wenn es nicht der Fall ist!
- **Geben Sie dem Hund Dinge,** mit denen er sich in seinem Körbchen beschäftigen kann, anstatt ihn immer neben sich sitzen zu lassen.

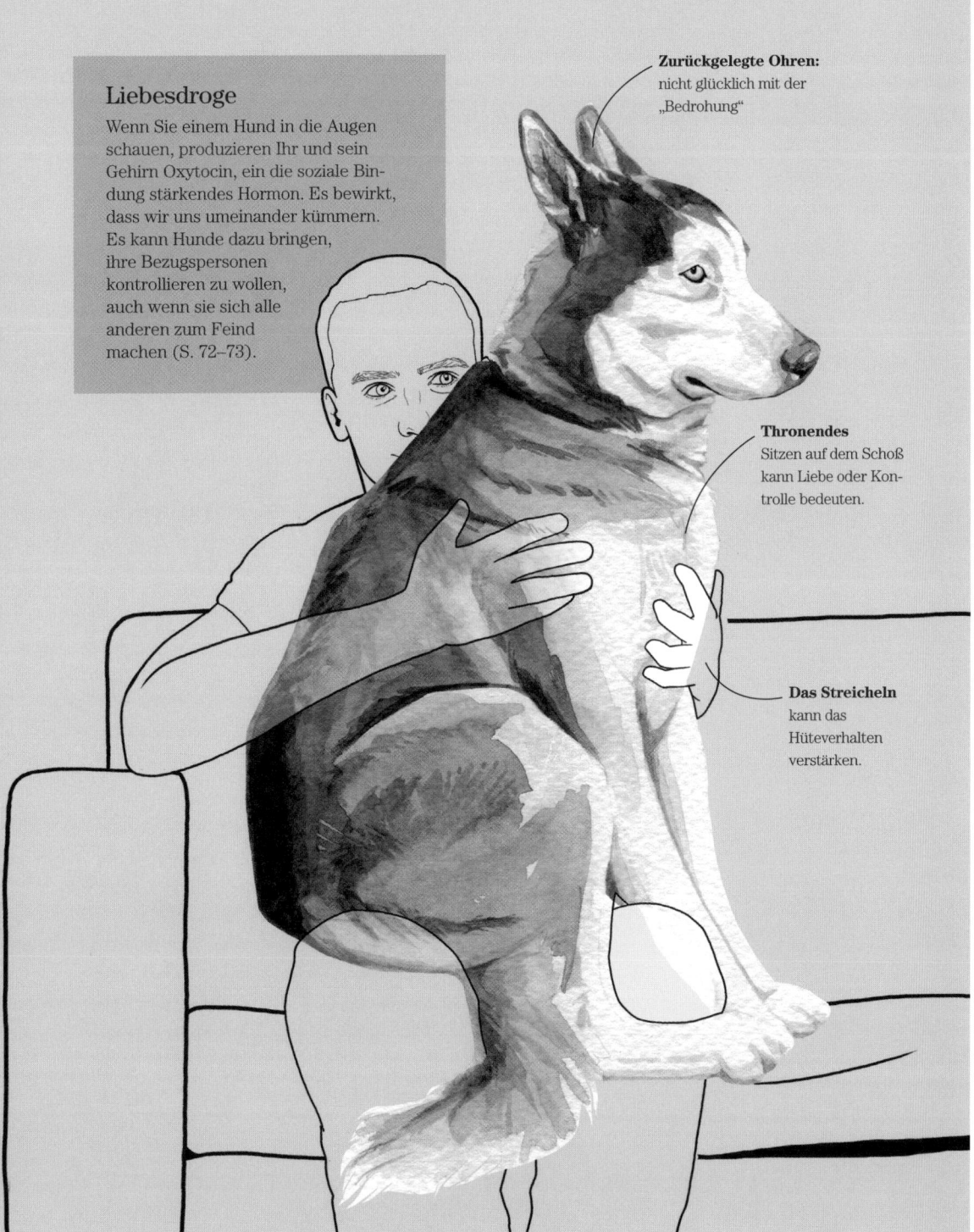

Liebesdroge

Wenn Sie einem Hund in die Augen schauen, produzieren Ihr und sein Gehirn Oxytocin, ein die soziale Bindung stärkendes Hormon. Es bewirkt, dass wir uns umeinander kümmern. Es kann Hunde dazu bringen, ihre Bezugspersonen kontrollieren zu wollen, auch wenn sie sich alle anderen zum Feind machen (S. 72–73).

Zurückgelegte Ohren: nicht glücklich mit der „Bedrohung"

Thronendes Sitzen auf dem Schoß kann Liebe oder Kontrolle bedeuten.

Das Streicheln kann das Hüteverhalten verstärken.

Mein Hund folgt mir ständig im Haus

Mein Hund ist mein Schatten. Ich arbeite zu Hause, sodass ich ihn nicht allein lasse, doch ich kann nicht einmal die Kinder zu Bett bringen oder zur Toilette gehen, ohne dass er mir folgt.

Was denkt sich mein Hund?

Ihre „Klette" sagt Ihnen „Ich liebe Dich!" und „Verlass mich nicht!". Wenn Ihnen Ihr Hund ab und zu folgt, ist das in Ordnung, aber wenn er sich ohne Sie nicht entspannen kann, ist das nicht normal. Das kann geschehen, wenn er keine richtige Trennungsroutine gelernt hat oder wenn er von Ihnen ständig verwöhnt und umsorgt wurde. Wenn Sie ihn stundenlang streicheln oder ihn bei der Arbeit Ihre Füße wärmen lassen, könnte er denken, dass Sie ohne ihn nicht zurechtkommen.

Sich auf jemanden verlassen

Hunde aus dem Tierheim bilden oft nur unsichere Bindungen zu ihrer neuen menschlichen Familie und zeigen das, indem sie sich physisch auf sie stützen. Die Hunde wurden verletzt, als sie verlassen wurden und ihr Heim verloren, sodass sie an den neuen Besitzern kleben. Ständig mit ihnen in Berührung zu stehen ist für sie die Versicherung, nicht wieder alleingelassen zu werden.

Was soll ich tun?

Sofort:

- **Verstärken Sie** das Verhalten Ihres Hunds nicht, indem Sie ständig mit ihm reden, ihn berühren oder loben.
- **Schließen Sie die Türen** auch einmal hinter sich. Haben Hunde rund um die Uhr Zugang zu Ihnen, können sie nicht Impulskontrolle, Frustrationstoleranz und Unabhängigkeit lernen (S. 88–89).

Langfristig:

- **Bringen Sie Ihren Hund** zwei- oder dreimal täglich zu seinem Hundebett und geben Sie ihm eine Belohnung wie einen Kauknochen, ein Futterspielzeug oder sein Futter.
- **Trainieren Sie** „Platz!" und „Warte!" mithilfe von Leckerli. Hält sich Ihr Hund auch noch daran, wenn Sie den Raum verlassen?
- **Schaffen Sie eine Routine,** damit Ihr Hund die Zeit allein genießt und sich entspannt, wenn Sie in einem anderen Zimmer sind (S. 178–179).

Und der Sinn?

Ihrem menschlichen Versorger zu folgen ist der einzige Weg, nicht einsam und verletzlich zu werden – und natürlich auch etwas zu fressen zu haben!

Müde Augen
wegen Schlafmangel

Ohren aufgerichtet, um Ihnen zu folgen

An die Beine gelehnt, um bequem zu sitzen und ihre Bewegungen verfolgen zu können

Mein Hund ignoriert mich

Ich beschäftige mich den ganzen Tag über mit meinem Hund, doch abends, wenn alle anderen heimkommen, ignoriert er mich vollständig.

Was denkt sich mein Hund?

Viele Hundeeltern fühlen sich durch dieses Verhalten verletzt! Doch Ihr Hund sagt nicht, dass er alle anderen Familienmitglieder mehr mag als Sie. Hunde werden von etwas Neuem angezogen, sodass neue Gesichter zu Hause im ersten Moment attraktiver sind. Der Hund weiß vielleicht nicht, dass er zu Ihnen kommen soll, oder er hat keine Lust, aber das ist in Ordnung. Er mag auch das „Komm!" nicht verstehen. Versuchen Sie, Ihren Hund zu verstehen, und nehmen Sie das nicht persönlich.

Augen suchen nach Ablenkung.

Abgewandter Kopf: „Nein danke!"

Offenes Maul und leichtes Hecheln: Entspannung

Beschäftigt sein, sich abwenden und begeistertes Sprechen erregen die Aufmerksamkeit Ihres Hunds.

Ohren zeigen in verschiedene Richtungen und weisen auf einen Interessenkonflikt hin.

Was soll ich tun?

Sofort:

Konzentrieren Sie sich mit Ihrer Aufmerksamkeit auf Ihre menschliche Familie, sodass Ihr Hund Sie nicht gut ignorieren kann. Er wird schnell von dem Trubel um Sie herum angezogen werden.

Langfristig:

- **Bieten Sie Ihrem Hund** täglich zwei kurze Clicker-Trainings, um „Gespräche" in Ihre Beziehung einzuführen.
- **Trainieren Sie den Rückruf**, sodass Ihr Hund „Komm!" versteht.
- **Muss Ihr Hund** den ganzen Tag über bei Ihnen sein? Geben Sie ihm Zeit, die er getrennt von Ihnen in einem anderen Raum verbringen kann. Die Abwesenheit lässt das Herz höher schlagen.
  - **Lassen Sie den Tierarzt** Ohren und Augen des Hunds checken, da seine Sinne im Lauf der Jahre nachlassen.

Und der Sinn?

Ihr Hund kann von Leuten, Gerüchen oder Geräuschen abgelenkt sein, Sie bitten, sich zu beruhigen, oder sich über Ihre Wünsche im Unklaren sein (S. 22-23).

Verdiente Ruhe

Manche Hunde möchten sich den ganzen Tag über um Sie kümmern (S. 46–47 und 90–91). Wenn Sie einen Hund haben, der Ihre Anstandsdame oder Fußstütze sein möchte, braucht er nach seinem langen Arbeitstag eine Ruhepause. Achten Sie darauf, dass Ihre Familie den Hund bei der Heimkehr schlafen lässt. Hunde, die während des Tiefschlafs gestört werden, können launisch sein und schnappen (S. 154–155).

Mein Hund zerbeißt alles

Jeden Tag gibt es ein neues Gemetzel. Ob ich zu Hause oder auf der Arbeit bin – mein Hund kaut auf meinen Sachen herum und immer nur auf meinen! Nun hat er meine Lieblingsschuhe erwischt. Womit habe ich das verdient?

Was denkt sich mein Hund?

Sie haben sich einen Hund gekauft, um Ihren Stress zu verringern, nicht, um Ihre Ausgaben zu verdreifachen. Doch das oft missverstandene Kauen wird nur durch eins hervorgerufen: Liebe. Hunde werden durch die Pheromone der geliebten Menschen angelockt, und Ihr persönlicher Geruch haftet an Ihren Schuhen und sogar an der TV-Fernbedienung. Das Kauen verringert den Stress sich einsam fühlender oder hyperaktiver Hunde. Wie können sie sich besser beruhigen, als auf den Sachen der geliebten Person zu kauen?

Verzücktes Gesicht wegen Dopamin-Ausschüttung

Gegen die Backenzähne und den weichen Gaumen gedrücktes Material steigert das Glücksempfinden.

Was? Sogar meinen Slip?

Manche Hunde gehen soweit, dass sie sich sogar an Unterwäsche vergreifen. Das wirkt auf uns etwas ungewöhnlich, doch für einen Hund ist sie das Filetstück Ihres persönlichen Geruchs und daher besonders köstlich. Immerhin sprechen wir über ein Tier, das Artgenossen zur Begrüßung den Hintern beriecht, vergessen Sie das nicht!

Und der Sinn?

Druck gegen die Backenzähne und den weichen Gaumen sorgt für die Ausschüttung des stressmindernden Botenstoffs Dopamin, der beruhigt und süchtig macht.

Das Liegen halb auf der Seite zeigt das Wohlbehagen.

Was soll ich tun?

Sofort:

- **Verjagen Sie Ihren Hund nicht** und schimpfen Sie nicht. Dadurch könnte er das Kauen als Spiel betrachten. Er könnte sogar die Gegenstände „bewachen", indem er sie verschluckt (siehe S. 140–141).
- **Bieten Sie einen Tausch** an und loben Sie ihn, wenn er ein Spielzeug statt der Pantoffeln annimmt.

Langfristig:

- **Schützen Sie wichtige Dinge,** bis der Welpe die Kommandos „Schluss!" oder „Aus!" gelernt hat.
- **Hunde können den Pantoffel** apportieren lernen, statt ihn zu zerkauen (siehe S. 166–167).
- **Hunde brauchen etwas zum Kauen.** Geben Sie ihnen Gummispielzeug, Kauknochen und mit Futter gefülltes Intelligenzspielzeug. Welpen zahnen nach acht bis 25 Wochen, und das Kauen lindert die Schmerzen. Versuchen Sie es mit gefrorenen Karotten.

Betrachten Sie es als Kompliment, wenn Ihr Hund Ihre Sachen kaut – Sie sind sein Lieblingsmensch.

PRAXISTIPPS

Gäste begrüßen

Klingeln und klopfen bedeutet für Ihren Hund eins – Fremden-alarm! Ob Sie nun einen sozial flatterhaften oder schreckhaften Hund haben – ohne Training wird er den Besucher belästigen.

1
Training
Warum auf Besucher warten? Wenn niemand an der Tür ist, bringen Sie Ihrem Hund mit Leckerli bei, an seinem Körbchen zu bleiben. Bleibt er auch dort sitzen, während Sie zur Tür gehen, sie öffnen und „Hallo!" zu einem fiktiven Gast oder Paketboten sagen?

2
Wenn es klingelt
Halten Sie Ihren Hund nicht fest, wenn jemand an der Tür ist. Loben Sie Ihn, wenn es klingelt (sogar, wenn er bellt). Dann führen Sie ihn mit einem Kaukno-chen in einen anderen Raum, damit er weiß, dass beim Klingeln gute Dinge geschehen, und beschäftigen sich dann mit den Gästen.

3
Begrüßung
Hat sich der Hund beruhigt, zeigen Sie ihm, wie er die Gäste begrüßen kann. Bringen Sie ihn mit einem Leckerli dazu, „Hallo!" zu sagen, indem er sich erst einmal hinsetzt. Für scheue Hunde sollten Sie eine Entspannungs-matte im Raum haben, in dem Sie und Ihre Gäste sitzen.

4
Rückzugsort
Bieten Sie Ihrem Hund einen ruhigen Rückzugsort, etwa einen Korb oder Ihr Schlafzimmer, wenn er genug von Ihren Gästen hat. Wir kennen alle Leute mit zu viel Sitzfleisch!

5
Alternative anbieten
Geben Sie Ihrem Hund ein Futter-spielzeug oder einen rohen Kno-chen, um ihn von der anfänglichen Aufregung abzulenken, alle neuen Gesichter begrüßen zu müssen.

KAPITEL DREI

Mein Hund und andere Tiere

Jedes Zusammentreffen mit einem anderen Hund, einer Katze oder sonst einem Tier gewährt uns Einblicke in die Persönlichkeit unseres Hundes. Wenn wir verstehen, wie er auf andere Tiere reagiert, können wir allen Beteiligten zu einem glücklicheren Leben verhelfen.

Mein Hund belästigt meine Katze

Mein Hund lässt die Katze nicht in Ruhe, und ich habe Angst, dass sie auszieht!

Und der Sinn?

Ihr Hund möchte wissen, ob die Katze ein Freund, ein Feind oder ein Spielzeug ist! Beobachten Sie seine Körpersprache vor und nach den Interaktionen!

Erhobener Schwanz: „Ich bin aufgedreht!"

Leichtes Hecheln, freundlicher als ein geschlossenes Maul

Vorderkörper tief: „Dein Zug, Katze!"

Was denkt sich mein Hund?

Das hängt zum Teil von seiner Persönlichkeit ab. Katzen und Hunde verstehen sich selten. Hunde springen umher und jagen alles, was wegrennt, Katzen sind sehr territorial. Daher kann der Hund die Katze als Beute ansehen, als Spielkamerad, als Einbrecher oder Räuber. Seien Sie optimistisch! Katzen und Hunde können in Harmonie leben, wenn sie langsam aneinander gewöhnt werden, ihren Raum haben und wenn ihre Persönlichkeiten berücksichtigt werden.

Angelegte Ohren verlangen Platz.

Katzenbuckel: „Vorsicht, ich bin groß!"

Was soll ich tun?

Sofort:

- **Wenn Ihr Hund** ihre Katze sieht, bitten Sie ihn zu sitzen und geben Sie ihm ein Leckerli, damit er die Katze mit schönen Dingen in Verbindung bringt.
- **Schimpfen Sie nicht,** wenn Ihr Hund die Katze jagt, da das die Erregung steigert. Führen Sie ihn zur Beruhigung aus dem Raum.

Langfristig:

- **Geben Sie Hund und Katze** eigene, durch Türschutzgitter getrennte Bereiche. Bieten Sie der Katze hoch gelegene Sitzplätze.
- **Katzen sind gelehrig wie Hunde!** Bringen Sie beiden mit Leckerli bei, in ihre Körbchen zu gehen, wenn sie sich treffen, damit sie sich aneinander gewöhnen können.

Mobbt Ihre Katze?

Selbstbewusste Katzen können mit ihrer Körperhaltung und schnellen Ohrfeigen vorwitzigen Welpen Grenzen aufzeigen, doch die Reaktionen einer ängstlichen Katze können Hunde zum Jagen und Beißen veranlassen. Katzen können auch in ihr Revier eingedrungene Hunde reizen und tyrannisieren. Loben Sie also beide Tiere für ihre Geduld und teilen Sie Ihre Liebe – und den Platz auf Ihrem Schoß – gerecht!

Mein Hund jagt alle Tiere

Mein Hund ist immer ein guter Junge, außer, wenn er etwas zu jagen sieht. Es begann mit Eichhörnchen und Katzen, und nun sind es Jogger und Kinder auf Fahrrädern. Er sprintet los und hört nicht auf mein Rufen.

Und der Sinn?

Jagen ist ein Überlebensinstinkt, mit dem Hunde die Reaktion von etwas Neuem testen. Wenn es davonläuft, könnte es eine Beute sein.

Gesenkter Schwanz:
Stromlinienform

Was denkt sich mein Hund?

Nehmen Sie es nicht persönlich. Hunde jagen alles, was sich bewegt, und das ist oft eher ein Reflex als eine Entscheidung. Jagen ist Teil des Beutefangverhaltens (S. 104–105) und ist kaum zu unterbrechen. Sowohl bei Hunden als auch bei Menschen werden dabei Dopamin und Serotonin ausgeschüttet. Fügen Sie noch einen Schuss Adrenalin hinzu und Sie haben einen starken und zu Kopf steigenden Cocktail!

Sich überkreuzende
Beine für maximale
Geschwindigkeit

Rundumblick

Hunde reagieren besonders gut auf Bewegungen und können daher sich bewegende Dinge entdecken, die Hunderte von Metern weit entfernt sind. Ihr Gesichtsfeld umfasst rund 240° und damit deutlich mehr als unseres mit seinen gut 200°. Wenn Sie also direkt hinter einem Hund stehen und einen Hampelmann machen, kann der Hund Sie sehen, ohne den Kopf zu drehen!

Gesenkter Kopf:
Stromlinienform

Erweiterte Pupillen:
Körper voller Adrenalin

Offenes Maul: Hecheln zur besseren Sauerstoffversorgung

Was soll ich tun?

Beginnen Sie im Welpenalter mit belohnungsbasiertem Training mit kleinen Tieren, Kindern und Bällen. Besuchen Sie die Hundeschule und üben Sie „Schau!", „Warte!", „Nimm!" (ein Spielzeug) und „Lass los!".

Trainieren Sie im Freien mit dem Hund an einer 10 m langen Leine:
- **Rufen Sie den Hund** und belohnen ihn, wenn er kommt.
- **Wenn Ihr Hund** etwas anstarrt, unterbrechen Sie ihn mit Leckerli. Isst er sie nicht, schaffen Sie Distanz und beginnen Sie von vorn.
  - **Lassen Sie den Hund** sich umsehen. Wenn er Sie wieder ansieht, belohnen Sie ihn mit Futter oder einem Spielzeug.

Arbeiten Sie mit dem Hund. Ersetzen Sie das Jagen von Joggern oder Radfahrern durch die Jagd auf Spielzeuge – oder auf Sie!

Einen jagenden Hund kann man nahezu überhaupt nicht zurückrufen, sodass das Training auf den Moment vor der Jagd abzielen muss.

FÜR FORTGESCHRITTENE

Beutefangverhalten

Das Jagen ist ein Teil des Beutefangverhaltens. Während die meisten Hunde alle Schritte der Sequenz ausführen, sind manche Rassen auf einzelne hin gezüchtet worden (S. 14–15). Das Erkennen dieser Schritte hilft Ihnen, Ihren Hund zu verstehen, sodass Sie Befehle wie „Aus!" in den ersten drei Schritten üben können.

1 Orientierung

Alle Hunde sehen sich um, schnüffeln und machen einen „Schaufensterbummel".

2 Fokussieren

Der Hund hat etwas entdeckt und sein Blick wird starr. Er hält den Atem an und lehnt sich nach vorn, mit aufgestellten Ohren und aufgerichtetem Schwanz. Adrenalin wird ausgeschüttet. Dies ist ein besonderes Verhalten der Wachhunde, die zwischen einer Beute und einem unerwünschten Gast unterscheiden müssen. Das Verhalten tritt auch auf, wenn Ihr angeleinter Hund einen anderen Hund beobachtet.

Spezielle Rasse: Deutscher Schäferhund

Spezielle Rasse: Pointer

3 Beschleichen / Vorstehen

Zeit für das Beschleichen. Langsame Bewegungen mit geradem Rücken und erhobenen Pfoten vermeiden das Knacken von Zweigen. Die anderen Hunde wissen aber, dass die Jagd eröffnet ist. Das Beschleichen gelingt besonders den intelligenten Collies, während Pointer durch Vorstehen auf die Beute hinweisen.

4 Hetzen

Es geht los! Jetzt zählt jede Sekunde. Der Hund verfolgt jede Bewegung der Beute, erahnt ihre nächste Bewegung und schneidet ihr – wenn nötig – den Weg ab. Die Hunde sind geschickt und ein Team lernt schnell, wie es die Beute gemeinsam verfolgt. Windhunde sind zum Beispiel besonders für das Hetzen geeignet.

Spezielle Rasse: Saluki

5 Festhalten

Wer es wagt, beißt zu! Der Hund muss die sicherste Stelle wählen, um die Beute zu stoppen. Nicht alle Hunde können das, und die, die es beherrschen, setzen ihre Fähigkeiten unterschiedlich ein: Die starken Kiefer des Mastiffs lassen nicht mehr los, der Dackel versetzt viele kleine Bisse und schnappt nach den Knöcheln. Und mancher Jagdhund begrüßt Sie mit einem Pantoffel als „Beute" (S. 84–85).

Spezielle Rasse: Dackel

6 Töten

Game over! Spezialisten aus der Terrierverwandtschaft erwürgen die Beute mit einem langen Biss in den Hals oder brechen ihr durch Totschütteln das Genick, damit sie so schnell wie möglich auf den Tisch kommt. Das Verhalten lässt sich auch an Spielzeugen üben: Alles, was quietscht, muss sterben (S. 166–167)!

Spezielle Rasse: Cairn Terrier

Mein Hund setzt sich auf andere Tiere

Ich muss immer lachen, wenn mein älterer Hund meinen jüngeren als Sessel benutzt. Gerade spielen sie noch, dann sitzt er auf ihm. Er macht das auch bei unserem Kätzchen.

Was denkt sich mein Hund?

Das ist Hundesprache für „Ruhe! Hör auf, mir platzt gleich der Kopf." Hunde setzen sich auf andere Hunde, Katzen und sogar Kinder, die sie stressen – vielleicht durch lautes Spiel oder Nötigung zum Spielen. Sich auf andere Hunde zu setzen ist viel besser als in Aggression zu verfallen, da es die Situation ruhig beendet. Nervöse Hunde werden sich auch auf die Schultern von befreundeten Menschen und Hunden setzen, um Trost zu finden und ein Gefühl der Kontrolle, wenn sie etwas ängstigt.

Was soll ich tun?

Sofort:

- **Lachen Sie nicht,** denn das bestärkt den „Sitzer" und deprimiert den anderen Hund. Besser ist, es nicht so weit kommen zu lassen.
- **Rufen Sie beide Hunde** in eigene Bereiche und ermuntern Sie sie, sich zu entspannen. Wenn sie ein bereits dort platziertes Leckerli finden, werden sie gern folgen.

Langfristig:

- **Überwachen Sie die Interaktionen** zwischen Ihrem Hund und dem als „Sitz" dienenden Tier. Wenn die Aufregung zu groß wird, bieten Sie eine alternative Beschäftigung an. Das stoppt auch den Aufbau von Frustrationen, in deren Verlauf unterlegene Tiere aggressiv reagieren können.
- **Stecken Sie Grenzen** für das Spiel im Haus ab, und vergewissern Sie sich, dass Ihre Tiere die Bewegung und Ernährung bekommen, die ihnen eine gute Entspannung ermöglicht.

Das Sitzen auf anderen Tieren ist die Alternative zum Schließen der Tür vor der Nase. Diese Körpersprache sollten wir nicht kopieren!

Nähe suchen

Die meisten Hunde lieben es, zusammen zu schlafen und die Wärme zu teilen, da sie in großen Würfen aufwachsen. Ein Welpe oder ein Hund aus dem Tierheim wird sich daher oft so setzen oder hinlegen, dass er den ersten Hund berührt. Wenn dieser sich entfernt und verfolgt wird, schreiten Sie ein, bevor sich eine Abneigung bildet. Helfen Sie dem bedürftigen Hund, genug Selbstvertrauen aufzubauen, um allein zu schlafen.

Geschlossene Kiefer und nach hinten gerichtete Ohren: „Ich bin nicht beeindruckt."

Das Sitzen auf einem anderen Hund bedeutet: „Es reicht, beruhige dich."

Sitzen und Wegschauen sind Beruhigungssignale: „Nein!" und „Entspanne dich."

Und der Sinn?

Diese Körpersprache für „Game over" wird in extremen Situationen eingesetzt, um ein ruhigeres Benehmen ohne Aggression einzufordern.

Mit gesenktem Kopf liegen: „Ich gebe auf."

PRAXISTIPPS

Im Park

Ein Spaziergang im Park ermöglicht es, sich die Beine zu vertreten, zu trainieren und sich mit Freunden zu treffen. Auf folgende Weise werden Ihr Hund und Sie es genießen.

1

Nehmen Sie Leckerli mit!

Der Park ist eine ablenkende Umgebung, voller Geräusche, Gerüche und verschiedener Tiere. Mit Leckerli und Spielzeug können Sie die Aufmerksamkeit Ihres Hunds auf sich lenken, vor allem, wenn Sie ihn von der Leine lassen. Denken Sie an Kotbeutel!

2

Freiraum für beide

Vielleicht sind das Café oder die Schaukeln Ihr Lieblingsplatz, doch Ihr Hund wird eher Hecken, Bäume und uringetränkte Grasbüschel lieben. Geben Sie ihm genug Zeit zu schnüffeln und achten Sie darauf, dass sie beide die Zeit im Park genießen.

3

Arbeiten Sie am Rückruf

Der Park ist ein hervorragender Platz, das Sozialverhalten Ihres Welpen zu trainieren. Halten Sie Ihren Hund beim ersten Besuch an der lockeren Leine oder einer losgelassenen langen Trainingsleine, bis der Rückruf auch in Gegenwart von anderen Hunden, von Kindern sowie von Gefahren wie Autos, Radfahrern und Teichen funktioniert. Der angeleinte Hund mag sich in der Gegenwart frei umherlaufender Hunde unsicher fühlen, da er sich nur eingeschränkt bewegen kann. Geben Sie ihm den Raum für entspannte „Hunde-Chats".

4

Manieren

Benutzen Sie Leckerli, um dem Hund beizubringen, auf Ihr OK zu warten, bevor er andere Hunde begrüßt. Manche Hunde, ob angeleint oder nicht, können aggressiv werden, wenn sich ihnen ein anderer Hund ohne Vorwarnung nähert.

Mein Hund hasst andere Hunde

Ich habe meinen Hund zur Hundeschule gebracht, er hat Hunde von Freunden kennengelernt, er ist im Alter von sechs Monaten kastriert worden – warum hasst er immer noch andere Hunde?

Und der Sinn?

Prüfen Sie, was der Vorteil des Verhaltens für den Hund ist (S. 22-23). Vielleicht gehen Sie mit ihm weg oder geben anderen Hunden keine Leckerli mehr?

Was denkt sich mein Hund?

Sozialkontakte können für einen Hund abschreckend sein. Er hat persönliche Auseinandersetzungen oder ist vielleicht von Natur aus scheu. Doch wenn Ihr Hund andere Hunde meidet oder auf sie aggressiv reagiert, verteidigt er wohl aus Angst seinen Raum, seinen Besitz oder Sie. Das kann auf ein Erlebnis im Wurf, in der Hundeschule oder beim Hundesitter zurückgehen. Mit der Zeit lernt der sozial gestresste Hund zu knurren, zu schnappen und sogar zu beißen, wenn weniger aggressive Signale ignoriert werden (S. 150–151).

Was soll ich tun?

Sofort:

Loben Sie Ihren Hund, wenn er einen anderen Hund sieht, dann gehen Sie davon. Er lernt andere Hunde als positiv zu betrachten und muss nicht aggressiv werden, um Platz zu bekommen.

Langfristig:
- **Führen Sie Spaziergänge** an der Leine mit einem friedlichen Hund und der Unterstützung eines guten Trainers durch. Die Hunde sollen parallel und mit

Seien Sie der Rückzugsraum für Ihren Hund, sodass er ohne Aggressionen auskommt.

Junge, verspielte Hunde können überwältigend sein.

Abstand laufen, sodass sich Ihr Hund auf Sie konzentrieren und Leckerli bekommen kann. Verringern Sie den Abstand und lassen Sie entspannte Kontakte zu.

- **Bringen Sie Ihren Hund** mit einem älteren Hund zusammen, der sich beruhigend verhält, und nicht mit einem unruhigen jungen Tier.
- **Vermeiden Sie unnötigen** Kontakt zu Hunden! Manche Hunde benötigen keine Hunde-Freunde.

Schlechte Erfahrungen

Schlecht betreute Gruppensituationen können bei Hunden ein dauerhaftes Trauma erzeugen. Nicht beaufsichtigtes überbordendes Spiel, während man bei Freunden mit Hunden zu Besuch ist, laute Hundepensionen, eine Hundewiese mit einem mobbenden Hund oder auch ein Hund im Haushalt, der von uns unbemerkt piesackt, können dazu führen, dass ein Hund anderen Hunden gegenüber aggressiv wird.

Abstehende Ohren verlangen persönlichen Raum.

Das Zeigen der Zähne bedeutet: „Ich meine es ernst, verschwinde!"

Jeder Hund kann Aggressionen auslösen.

Alle Hunde hassen meinen Hund

Jedes Mal, wenn ich meinen Hund anderen Hunden vorstelle, weisen sie ihn zurück. Manche knurren, sie schnappen nach ihm und greifen ihn sogar an. Warum hassen sie ihn alle so?

Was denkt sich mein Hund?

Ihr Hund ist vermutlich genauso verblüfft wie Sie. Er mag von Natur aus scheu sein, sodass er von anderen Hunden gemobbt wird. Hunde können das Stresshormon Cortisol riechen, und das kann zu scheinbar grundlos ausbrechenden Kämpfen führen. Oder Ihr Hund nähert sich anderen Hunden zu schnell und verspielt oder er ist grob zu ihrem Besitzer. Sie sollten die Körpersprache Ihres und des anderen Hundes beobachten (auch Haltung und Schwanzposition), um wirklich zu verstehen, was ihr Hund denkt.

Helfen Sie ihm, sich zu entspannen und andere Hunde zu begrüßen (S. 114–115).

Regelmäßig attackierte Hunde lernen sich mit Aggressionen zu verteidigen und benötigen Unterstützung von einem Trainer, der gewaltlose Techniken anwendet.

Weißes der Augen: Angst oder Platzbedarf

Zurückgelegte Ohren als Rückzugsgeste

Bedeckte Zähne: „Ich will nichts Böses!"

Ungleichgewicht: Schock und Frage nach der Fluchtrichtung

Was soll ich tun?

Sofort:

Führen Sie Ihren Hund weg:
Wenn es bereits zur Auseinandersetzung gekommen ist, werden beide
kaum noch Freunde. Wenn Sie den
Hunden die Klärung überlassen, lernt
entweder Ihr Hund andere zu mobben
oder er wird selbst gemobbt.

Langfristig:

- **Lehren Sie Ihren Hund, an der
  lockeren** Leine zu laufen (S. 170–
  171) und „Schau her!" zu befolgen,
  ohne andere Hunde in der Nähe.
  Dann üben Sie mit entfernt laufen-
  den Hunden, bevor Sie sich ihnen
  nähern, damit Ihr Hund nicht zu
  ihnen zieht und sie anstarrt.
- **Spielen Sie Suchspiele.** Werfen
  Sie Leckerli, damit Ihr Hund schnüffelt, sich entspannt und ruhig wirkt.
- **Haben Sie Spaß,** wenn andere
  Hunde in der Nähe sind! Lassen Sie
  sich Ihren Hund auf etwas anderes
  konzentrieren, etwa Apportieren.
- **Filmen Sie die Begegnung** mit
  anderen Hunden, damit Sie die
  Körpersprache analysieren können.

Gezeigte Zähne:
„Nein, absolut
nicht!"

Angeleinte Hunde
fühlen sich beengt
und reagieren
aggressiver.

Schwanz erhoben:
angespannt mit
Adrenalin.

**Körper und Ohren nach
vorne:** „Ich meine
es ernst!"

Ärger riechen?

Obwohl bekannt ist, dass die Markie-
rung durch Gerüche für Hunde eine
komplexe Konversation darstellt,
wissen wir wenig über diese
Geruchswelt (S. 12–13). Eine
Theorie ist, dass sich Hunde in
dieser Welt oft getroffen und über
„Pinkelforen" kommuniziert
haben, bevor sie sich eines
Tages real treffen und einen
Kampf vom Zaun brechen.

FÜR FORTGESCHRITTENE

Hundebegrüßung

So wie unsere Vorfahren mit dem Händeschütteln bewiesen, dass sie nicht bewaffnet waren, tauschen Hunde bei der Begrüßung Gesten guten Willens aus. Die Waffe des Hunds ist die Schnauze, und es ist wichtig, einem neuen Freund trauen zu können. Manche Begrüßungen sind nicht perfekt (S. 116–119), doch hier finden Sie den Ablauf einer idealen Hundebegrüßung.

1 Gesicht beschnüffeln

Erste Dates sind einschüchternd und aufregend, und das gilt natürlich auch für Hunde. Das Beschnüffeln des Gesichts erlaubt beiden Hunden, unterschwellige Signale der Ruhe, der Selbstsicherheit oder der Spannung in den Augen, am Gesicht und am Maul des anderen zu checken, bevor der gesamte Körper untersucht wird. Die Speicheldrüsen der Lippen liefern wichtige Informationen. Vorsichtiges Lippenlecken gilt als Beschwichtigungsgeste.

2 Kopf drehen

Ein vorsichtiges Kopfdrehen mit sanften Augen und entspanntem Körper bedeutet: „Mach weiter." Es erlaubt dem anderen Hund, den Rest des Körpers zu beriechen. Manche Hunde riechen zuerst an den Drüsen im Bereich der Ohren.

3 Urogenitalregion

Durch das Beriechen des Bauches erkennt der Hund Pheromone aus dem Urogenitalsystem des anderen (S. 12–13). Ein beschnüffelter Hund kann das Bein zum besseren Zugang heben. Es ist auch normal, diesen Bereich zu belecken. Wenn ein Hund sich entfernt und der andere nicht zu lecken aufhört, sollte man beide besser trennen.

4 Hinterteil beriechen

Das ist das klassische Ende einer guten Begrüßung – und vielleicht der Beginn eines ausgelassenen Spiels. So sammeln die Hunde Informationen der Analdrüsen über das Alter, das Geschlecht, den Reproduktionsstatus, die Gesundheit, den Stresslevel und mehr. Das Schnüffeln kann in ein Umkreisen übergehen. Sind die Hunde an der Leine, folgen Sie ihnen. Sich zu verheddern kann Aggressionen entfachen.

Wenn mein Hund einen anderen trifft ...

... weiß ich nie, was geschehen wird. Ich habe ihn bellen, sich auf den Rücken rollen und sogar den „großen Hund" spielen sehen. Ich frage mich, ob er jemals Freunde finden wird.

Was denkt sich mein Hund?

Kommt darauf an. Jedes Hundetreffen ist einzigartig und wird von Alter, Geschlecht, Rasse, Persönlichkeit und den vorigen Erlebnissen beider Hunde beeinflusst. Beim ersten Treffen mag Ihr Hund den Vorderkörper senken (S. 80–81) oder eins der gezeigten „Hallo"-Verhalten zeigen. Jede Aktion ist ein Spielzug. Hundekonversationen verändern sich ständig als Reaktion auf Haltung, Motivation und Stimmung. Ihr Hund mag sich zuerst unterwürfig auf den Rücken rollen, aber dann in die Luft schnappen, wenn der andere Hund zu aufdringlich wird.

„Hallo" ... und jetzt?

Sind sie sich einmal nahe, wird es bei Hunden so schwierig wie bei uns. Sie müssen anhand ihrer Erfahrungen die Begrüßung lernen (S. 114–115). Ein bestimmter Begrüßungsstil mag dem Hund mehr Sicherheit geben. Unhöflich sind Aufreiten (S. 62–63) oder andere hier dargestellte Aktionen.

Freundlich oder „Flittchen"?

Ein gesenkter Kopf und ein wackelnder Körper geben Ihrem Hund die beste Chance, auf nichtbedrohliche Weise Freunde zu finden. Doch wenn er zu unterwürfig ist und sich zum „Hallo"-Sagen auf den Rücken wirft, kann dieses „Flittchen"-Gehabe andere Hunde abstoßen.

Was soll ich tun?
Ein freundlicher Wackler wird die meisten Situationen meistern, doch üben Sie den Rückruf, falls Ihr Hund ein freundlicher Besatzer ist (siehe rechte Seite). Wenn er ein Flittchen ist, sozialisieren Sie ihn mit ruhigen älteren Hunden und üben Sie den Rückruf gründlich.

Tief wedelnder Schwanz

Zugekniffene Augen und „glückliche" Ohren: „Ich bin lieb."

Gesenkter Kopf und offenes Maul zeigen Entspannung.

FREUNDLICHES WACKELN

Bellen

Wenn Ihr Hund bei der Annäherung bellt, sagt er vermutlich „Bleib weg!", weil er sich bedroht oder unsicher fühlt.

Was soll ich tun?

Loben Sie Ihren Hund und geben Sie ihm Leckerli, wenn er einen anderen Hund in der Ferne sieht. Ändern Sie manchmal die Richtung, um ihm zu verdeutlichen, dass er nicht „Hallo" sagen muss. Üben Sie die Annäherung und geben Sie Leckerli, gehen Sie dann wieder weg.

Anschleichen

Die meisten Hunde halten in einer guten Entfernung an und nähern sich schrittweise, um Geruchsinformationen zu sammeln und sich der Freundlichkeit zu versichern. Doch manche pirschen sich heimtückisch an, bevor sie in den Überfall-Modus wechseln. Das geschieht vor allem bei Hütehunden, kann bei anderen aber auch ein Zeichen für Ängstlichkeit sein.

Und der Sinn?

Jedes Hundetreffen ist ein Versuch, eine Gemeinschaft zu bilden. Wie wir wollen Hunde sicher sein, Konflikte vermeiden, Freunde und Partner finden.

Was soll ich tun?

Nähern Sie sich dem Hund von der Seite, um ihn zu beruhigen. Belohnen Sie, wenn er sich nach Ihnen umschaut, und üben Sie den Rückruf.

Besatzer

Manche Hunde stürmen ohne Vorwarnung auf andere zu, um sie zum Spielen zu nötigen. Dieses „Hallo" kann bei nervösen Hunden zu Ärger führen. Auch wenn Ihr Hund sich aufbläst, täuscht er mehr Selbstvertrauen vor, als er fühlt. Reckt er den Hals oder legt er die Pfoten auf andere Hunde, will er größer wirken.

Was soll ich tun?

Vergesellschaften Sie Ihren Hund mit älteren, damit er Höflichkeit lernt. Läuft ein Hund auf Ihren zu, gehen Sie ruhig weg oder sagen dem Besatzer, dass Ihr Hund nicht spielen möchte. Das parallele Laufen mit anderen Hunden lehrt Höhengewinnler andere Methoden der Freundesuche wie Schnüffeln und Kopfdrehen.

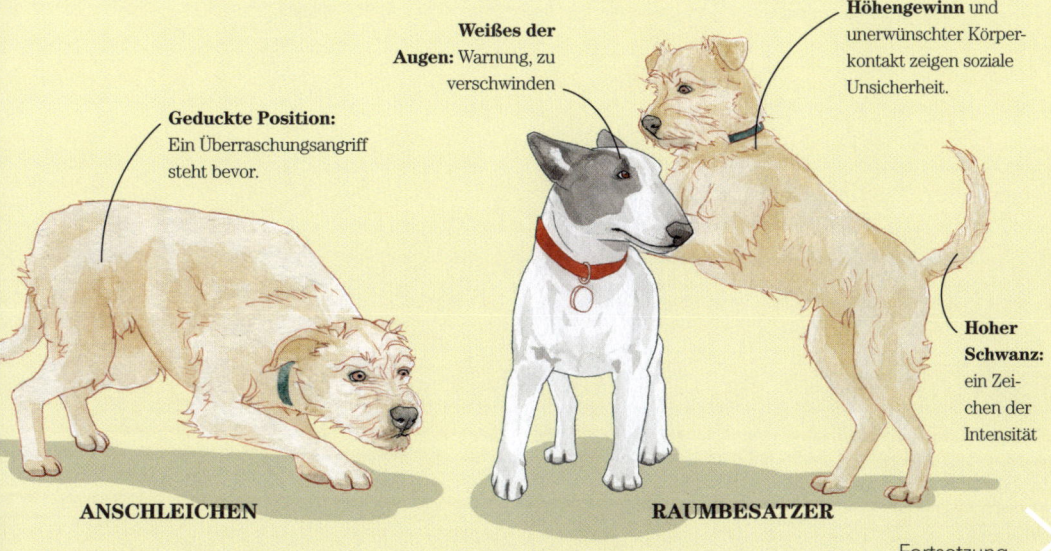

Weißes der Augen: Warnung, zu verschwinden

Geduckte Position: Ein Überraschungsangriff steht bevor.

Höhengewinn und unerwünschter Körperkontakt zeigen soziale Unsicherheit.

Hoher Schwanz: ein Zeichen der Intensität

ANSCHLEICHEN

RAUMBESATZER

Fortsetzung »

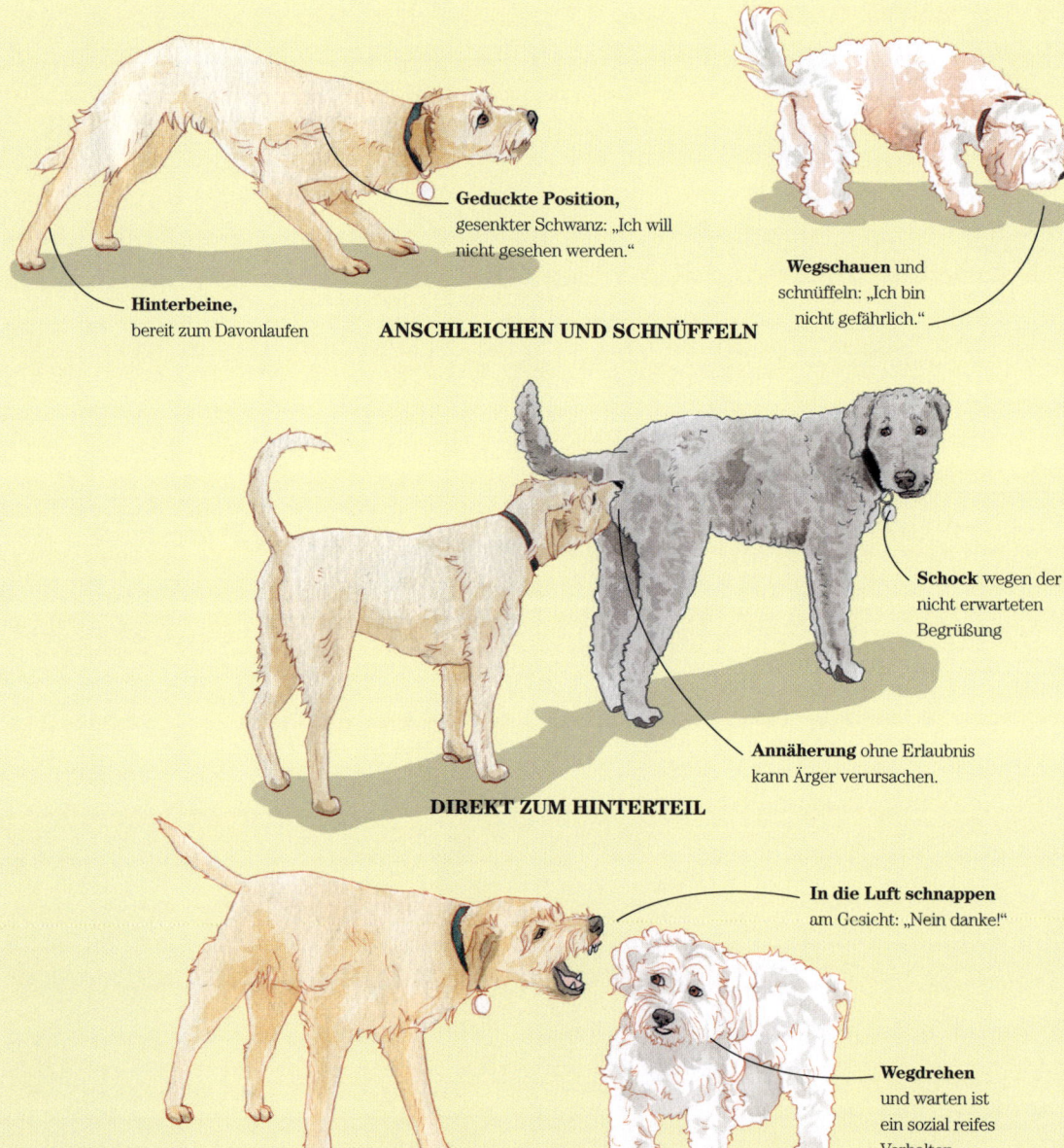

Geduckte Position,
gesenkter Schwanz: „Ich will
nicht gesehen werden."

Hinterbeine,
bereit zum Davonlaufen

ANSCHLEICHEN UND SCHNÜFFELN

Wegschauen und
schnüffeln: „Ich bin
nicht gefährlich."

Schock wegen der
nicht erwarteten
Begrüßung

Annäherung ohne Erlaubnis
kann Ärger verursachen.

DIREKT ZUM HINTERTEIL

In die Luft schnappen
am Gesicht: „Nein danke!"

Wegdrehen
und warten ist
ein sozial reifes
Verhalten.

AM GESICHT SCHNÜFFELN UND SCHNAPPEN

Anschleichen und Schnüffeln

Ängstliche Hunde möchten oft schnüffeln, ohne selbst beschnüffelt zu werden. Ihr Hund wird sich drehen, setzen oder zurückziehen, um sein Hinterteil zu schützen – und dann losrennen und einen anderen Hund beschnüffeln.

Was soll ich tun?

Geben Sie Ihrem Schleicher durch eine lockere oder gar keine Leine genug Platz, um sich Hunden zu nähern und sich wieder zurückzuziehen, und schützen Sie ihn vor „Besatzern". Mit der Zeit wird er in einer konstanten und entspannten sozialen Gruppe Selbstvertrauen erlangen.

Direkt zum Hinterteil

Sich direkt auf das Hinterteil zu stürzen, ohne erst am Gesicht des anderen Hunds um Erlaubnis zu fragen, ist eine unhöfliche Art, eine Konversation zu beginnen. Ihr Hinterschnüffler hat das noch nicht gelernt, doch vermutlich werden ihn andere Hunde zurechtweisen.

Was soll ich tun?

Helfen Sie Ihrem Hund, sich zu entspannen, wenn er andere Hunde wahrnimmt. Werfen Sie Leckerli auf den Boden, damit er beruhigend auf dem Boden schnüffelt, und bewegen Sie sich vor der Begrüßung parallel zum anderen Hund.

Schnüffeln und schnappen

Die ideale Begrüßung ist das Beschnüffeln des Gesichts (S. 114–115). Doch manchmal hält ein Hund den Augenkontakt zu lange aufrecht, kräuselt die Lippen oder schnappt sogar als Warnung in die Luft (S. 154–155). Das geschieht häufig bei angeleinten Hunden – Hinterteile werden dann nicht mehr beschnüffelt!

Was soll ich tun?

Vermeiden Sie Begrüßungen angeleinter Hunde, geben Sie Ihrem Hund beim Anblick anderer Hunde ein Leckerli und üben Sie den Rückruf. Wenn ein anderer Hund schnappt, entfernen Sie sich mit Ihrem – der Raumgewinn und Ihr Schutz beruhigen ihn. Wenn Sie einen Hund treffen, lassen Sie die Leine locker, da sonst Aggressionen entstehen können (S. 170–171).

Ghosting

Ihr Hund mag so tun, als existiere ein anderer Hund nicht, oder weglaufen, wenn er ihn sieht. Diese Hunde sind entweder besonders selbstbewusst oder sozial ängstlich, sodass sie vor Treffen zurückschrecken. Achten Sie auf die Körpersprache Ihres Hunds.

Was soll ich tun?

Um positive Assoziationen zu schaffen, belohnen Sie Ihren Hund, wenn er einen anderen sieht, und gehen Sie, wenn er sich zurückziehen möchte.

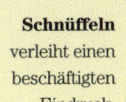

GHOSTING

Aufschauen, um „Besatzer" zu sehen

Schnüffeln verleiht einen beschäftigten Eindruck.

Nicht alle Hunde benötigen Hundefreunde, doch ein höflich grüßender Hund ist eine Freude für die gesamte Gemeinschaft.

Faire Spielregeln

Willst du spielen? Sogar als erwachsene Tiere spielen die Hunde vieler Rassen mit erfrischender Freude. Das Spiel ist aber nicht nur Spaß. Es dient dem Üben des Flirts, des Kampfs, der Jagd und des Schließens von Freundschaften. Es soll beiden Hunden Spaß machen. Wenn Sie die folgenden Dinge beobachten, wissen Sie, dass es losgeht! (Warnende Anzeichen dafür, dass der Spaß beendet ist, finden Sie auf den Seiten 122–123.)

Einladung

Jedes Spiel beginnt mit einer Einladung. Faire Spieler zeigen die Vorderkörpertiefstellung und der akzeptierende Hund antwortet entsprechend.

Kein Anstarren

Hunde vermeiden es, sich beim Spielen frontal gegenüberzustehen. Sie laufen parallel zueinander oder zeigen eine T-Stellung.

Nicht ernst gemeint

Gutes Spiel geht mit übertriebenen, weichen und hüpfenden Bewegungen und viel Krach einher. Das alles sagt dem anderen Hund: „Ich spiele nur!" Es sollte wie die schöne Kampfkunst Capoeira aussehen und falsche Bisse sowie nur wenig tatsächlichen Körperkontakt zeigen.

Time-out

Spielen kann anstrengend sein, doch ein fairer Spieler lässt seinen Partner auch eine Pause einschieben. Ein Hund kann durch Sitzen, Hinlegen oder Schnüffeln nach einem Time-out fragen.

Schütteln

Wenn die Hunde den gesamten Körper während oder nach dem Spiel schütteln, kontrollieren sie ihre Erregung und bleiben entspannt. Das ist wie ein tiefes Ausatmen. Was gerade geschehen ist, ist vergangen.

Schwächer erscheinen

Im fairen Spiel wird sich ein Hund selbst schwächer darstellen, um Vertrauen aufzubauen – wie ein Elternteil, dass sein Kind gewinnen lässt. Rollen oder Fallen lädt einen Partner wieder zum Spielen ein, wenn er eine Pause gemacht hat oder wenn er zu aufgeregt geworden ist.

Rollentausch

Spiel ist eine Konversation, kein Monolog, und muss von beiden genossen werden. Hunde tauschen die Rollen, sodass zum Beispiel der Jagende der Gejagte wird.

Fair bleiben

Wenn Sie meinen, dass das Spiel ausufert, trennen Sie die Hunde für 20 Sekunden und lassen Sie sie zum Beispiel nach Leckerli suchen. Wenn dann ein Hund weggeht, brauchte er eine Pause. Viel Spaß beim Beobachten!

FÜR FORTGESCHRITTENE

Unfaires Spiel

Rote Karte! So, wie eine Aufsicht auf dem Schulhof nötig ist, brauchen auch Hunde einen Schiedsrichter, damit das Spiel nicht ausufert. Wenn Sie beobachten, dass Hunde andere nicht um Erlaubnis fragen oder ihren Raum verletzen, unterbrechen Sie das Spiel ruhig und ermöglichen Sie eine Pause.

Festhalten … mit den Zähnen!

Beim fairen Spiel gibt es ein vorgetäuschtes Beißen und kaum Körperkontakt (S. 120–121), doch manche Hunde lieben es, andere zu jagen, zu überwältigen und sogar ernsthaft zu beißen. Oft handelt es sich um Teenager, deren geduldige Spielpartner ein solches Verhalten zulassen. Wenn ein Hund die Zähne einsetzt, ist es mit dem Spiel jedoch vorbei.

Schiedsrichter! Schützen Sie den gebissenen Hund und sorgen Sie für ein besseres Spiel, etwa mit Spielzeugen, bevor aus dem Halbstarken ein echter Schläger wird.

Fang mich!

Beim fairen Spiel sollten die Rollen getauscht werden, sodass kein einseitiges Jagen stattfindet. Sozial kompetente Hunde setzen das Rennen manchmal ein, um einen zu starken oder groben Partner zu ermüden.

Schiedsrichter! Fangen Sie den Jäger ab, wenn die Jagd nicht von selbst stoppt oder der gejagte Hund in Panik ausbricht.

Umarmung

„Sieh mal, sie umarmen sich!" Nein, tun sie nicht. Das ist die Entsprechung des Armdrückens, und es wird vermutlich unangenehm eskalieren. Es beginnt mit dem Versuch, sich als größerer Hund zu etablieren, doch ohne Unterbrechung kann es dazu kommen, dass sozial inkompetente Hunde mobben oder mit jedem Hund ringen, den sie treffen, und ihn ängstlich oder aggressiv machen.

Schiedsrichter! Führen Sie die Hunde an lockeren Leinen zusammen. So können sie sich anfreunden.

Spieldauer

Das Spiel stoppt meist nach 5–10 Minuten von selbst, wenn ein Hund weggeht, um zu schnüffeln oder sich hinzulegen. Hunde, die den ganzen Tag über spielen wollen, spielen nicht – sie kämpfen. Wenn ein anderer Hund das Spiel stoppt oder „gewinnt", beginnt der frustrierte Hund von Neuem.

Schiedsrichter! Helfen Sie den Hunden. Bieten Sie andere Spiele an, wie Tauziehen um Spielzeuge. Oder fördern Sie das Schnüffeln über die Suche nach Leckerli.

Mobbing

Obwohl Hunde gut in größeren Gruppen spielen können, schließen sich manchmal einige von ihnen zusammen. Wird dadurch ein anderer Hund in die Ecke gedrängt oder gemobbt, ist das weder ein Spiel noch freundlich.

Schiedsrichter! Gehen Sie in Ruhe dazwischen und helfen Sie dem in die Ecke gedrängten Hund, sich in Sicherheit zu bringen.

Mein Hund wälzt sich in Kot

*Warum liebt mein Hund das Parfüm „Eau d'animal"?
Ganz gleich, ob es Fuchskot, ein toter Dachs oder etwa
Schlimmeres ist – er findet es und wälzt sich darin!*

Was denkt sich mein Hund?

Jeder liebt es, sich schön anzuziehen, und für Ihren Hund, der die Welt über seine Nase wahrnimmt, entspricht das Wälzen in anrüchigen Dingen einer guten Kleidung! Als ursprünglicher Jagdinstinkt hat das Wälzen in Kot oder Aas den Sinn, den Geruch des Hunds zu überdecken, sodass er von der von ihm verfolgten Beute nicht bemerkt wird. Außerdem hinterlässt Ihr Hund auf diese Weise seinen eigenen Geruch, sodass andere, später ankommende Hunde erkennen, dass er diesen abstoßenden „Schatz" bereits entdeckt und für sich beansprucht hat.

Geruchsgeschichte

Sich in üblen Dingen zu wälzen hat auch den Sinn, eine Geschichte zu erzählen. Anders als Honigbienen, die Ihren Artgenossinnen schwänzelnd eine Nahrungsquelle beschreiben, können Hunde das nicht durch Tanz tun. Stattdessen schmieren sie etwas von Ihrer Entdeckung an ihre Schulter, sodass der Rest des Rudels ihr Jagdglück mithilfe des Geruchssinns erfahren kann.

Was soll ich tun?

Kurzfristig:

Zum Glück warnen uns die Hunde, indem sie enthusiastisch davonlaufen und ihr „Parfüm" zuerst gründlich beriechen. Das Benutzen der Kommandos „Aus!" und „Komm her!", wenn Ihr Hund sich entfernt, kann helfen, diese unangenehme Eigenschaft einzudämmen.

Langfristig:

• **Baden Sie Ihren Hund nicht** in parfümierten Shampoos, die für unsere Nasen angenehm riechen. Diese überwältigen die empfindliche Hundenase und können der Auslöser dafür sein, dass Ihr Hund sich für ein ihm angemesseneres Haarprodukt entscheidet.

• **Schaffen Sie Alternativen** für Hunde, die das Jagen lieben, wie die Ablenkung auf Spiele mit einem Flirt pole (mit daran angebrachtem Seil und Spielzeug). Sie können Ihren Hund auch zur Fährtenarbeit oder zum Mantrailing anmelden, um seine fantastische Nase für einen guten Zweck einzusetzen.

Und der Sinn?

Das Wälzen tarnt den Hund und hinterlässt eine Geruchsmarke für andere Hunde, sodass sie seine Jagderfolge nachvollziehen können.

Hals- und Schulterdrüsen werden an dem „Schatz" gerieben.

„

Das Wälzen in Kot ist ein angeborenes, kaum zu stoppendes Verhalten – nicht einmal unter Androhung eines Bads!

„

Abgestützte Pfoten, bereit zum Rollen

Offenes Maul, um den Geruch zu genießen

Mein Hund bellt Postboten an

Mein Hund hasst Postboten! Er erwartet sie täglich und rennt dann zur Tür, um sie zu verteidigen. Das war anfangs lustig, bis er einen wirklich wichtigen Brief zerfetzt hat.

Was denkt sich mein Hund?

Das Problem ist, dass Postboten niemals hereinkommen. Freunde werden hereingebeten, sodass Ihr Hund sie erkennt, wohingegen er Lieferanten als Einbrecher ansieht. Aus seiner Perspektive versucht jeden Tag ein Unbekannter, sich an die Wohnung heranzuschleichen und hineinzukommen. Er verschwindet nur, weil der Hund bellt und ihn verfolgt – doch nicht, bevor er eine „Bombe" deponiert, die jeder gute Wachhund sofort vernichten muss! Das Schreddern der Post ist ärgerlich, doch ein Angriff auf den Postboten kann ganz andere Folgen haben, also trainieren Sie Ihren Hund!

Postbotentraining

Hunde, die Post zerstören, können mit Leckerli dazu gebracht werden, sie zu holen. Beginnen Sie, indem Sie Ihrem Hund das Holen von Spielzeugen beibringen (S. 166–167). Dann benutzen Sie alte Briefumschläge, um sie bringen zu lassen. Schieben Sie sie schließlich in den Briefschlitz, sodass Ihr Hund sie vorsichtig entnehmen und zustellen kann. So ein guter Posthund!

> 99
>
> Ihrem Hund kommt natürlich alles höchst verdächtig vor, was sich Ihrer Tür nähert oder sich von ihr entfernt.
>
> 66

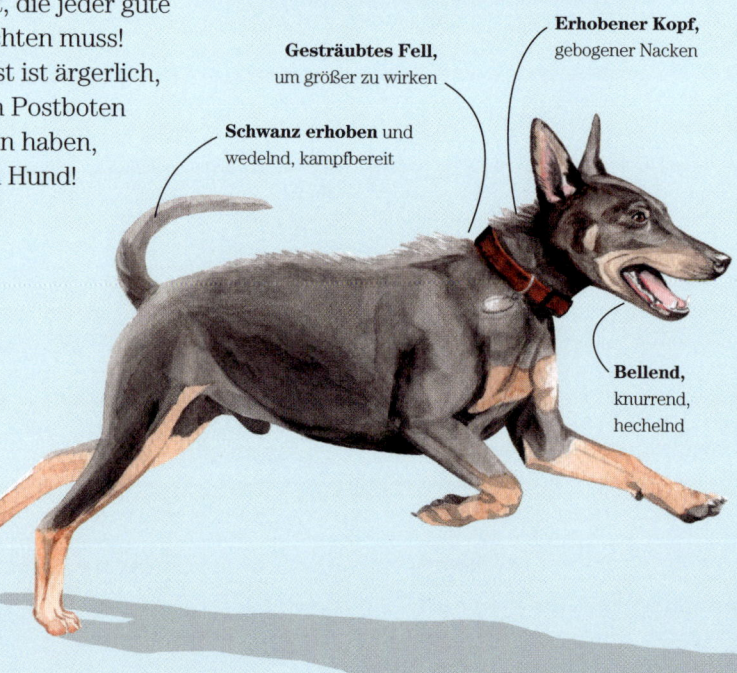

Erhobener Kopf, gebogener Nacken

Gesträubtes Fell, um größer zu wirken

Schwanz erhoben und wedelnd, kampfbereit

Bellend, knurrend, hechelnd

Was soll ich tun?

Sofort:

- **Wenn der Postbote kommt,** loben Sie ihren Hund und locken Sie ihn mit einem Leckerli zu seinem Körbchen. Die Muster seines Verhaltens zu ändern, ist äußerst wichtig.

- **Schimpfen Sie nicht** mit Ihrem Hund, sonst betrachtet er jeden Lieferanten als Ursache für seinen Ärger, sodass er diese Gruppe umso mehr hasst.

Langfristig:

- **Schützen Sie Ihre Post,** indem Sie einen Außenbriefkasten oder einen Korb am Briefschlitz der Tür installieren, damit keine Briefe – oder Finger – Schaden nehmen.

- **Lehren Sie Ihren Hund,** in seinem Körbchen zu warten, während Sie zur Tür gehen, fiktive Gäste begrüßen und nicht vorhandene Post entgegennehmen. Wenn Sie bei jedem Besucher so vorgehen, wird es mit Ihrem Hund auch keine Probleme geben, wenn es wirklich darauf ankommt.

Und der Sinn?

Ihr Heim zu bewachen ist eine ehrbare Arbeit, und das Zerfetzen der Post ist ein Beruhigungsverhalten, das Ihren Hund nach dem „Kampf" entspannt.

Mein Hund lockt alle Rüden an

Meine Hündin war bereits früher läufig, hat aber nie einen Rüden in die Nähe gelassen. Nun flippt sie aus, wenn einer am Zaun ist oder wir einen im Park treffen.

Was denkt sich mein Hund?

Es gibt in diesem Fall nur eine Diagnose: Sie haben eine läufige Hündin. Nicht kastrierte Tiere werden ab einem Alter von etwa sechs Monaten zweimal im Jahr läufig, und der Zustand dauert abhängig von der Rasse etwa zwei bis vier Wochen an. Eine junge Hündin weist einen Romeo meist ab, der sich nicht die Mühe gibt, sie mit Nackenknabbern und Spielen zu umwerben. Mit der Zeit wird sie sich jedoch auf dem Höhepunkt der Hitze mit verschiedenen Rüden einlassen. Also bringen Sie sie in Sicherheit, wenn Sie beobachten, dass sie ihr Hinterteil präsentiert.

Rüden können eine läufige Hündin kilometerweit riechen und werden kaum auf Rufen reagieren, wenn die Chance einer Paarung besteht.

Was soll ich tun?

Lassen Sie Ihre Hündin nicht von der Leine und seien Sie vorsichtig. Laufen Sie an ruhigen Orten, denn Rüden folgen ihr kilometerweit.

Lassen Sie Ihre Hündin nicht auf Teppiche und Polster, während sie blutet, sondern geben Sie ihr einen Platz, an dem sie Hundeeis essen und romantische Komödien schauen kann!

Wenn Sie auch einen nicht kastrierten Rüden haben und keine Welpen möchten, trennen Sie die Hunde, sobald die Hündin läufig wird.

Mit einer läufigen Hündin umzugehen ist schwierig. Ist sie mit 18–24 Monaten geschlechtsreif geworden, sollten Sie sie vielleicht kastrieren lassen.

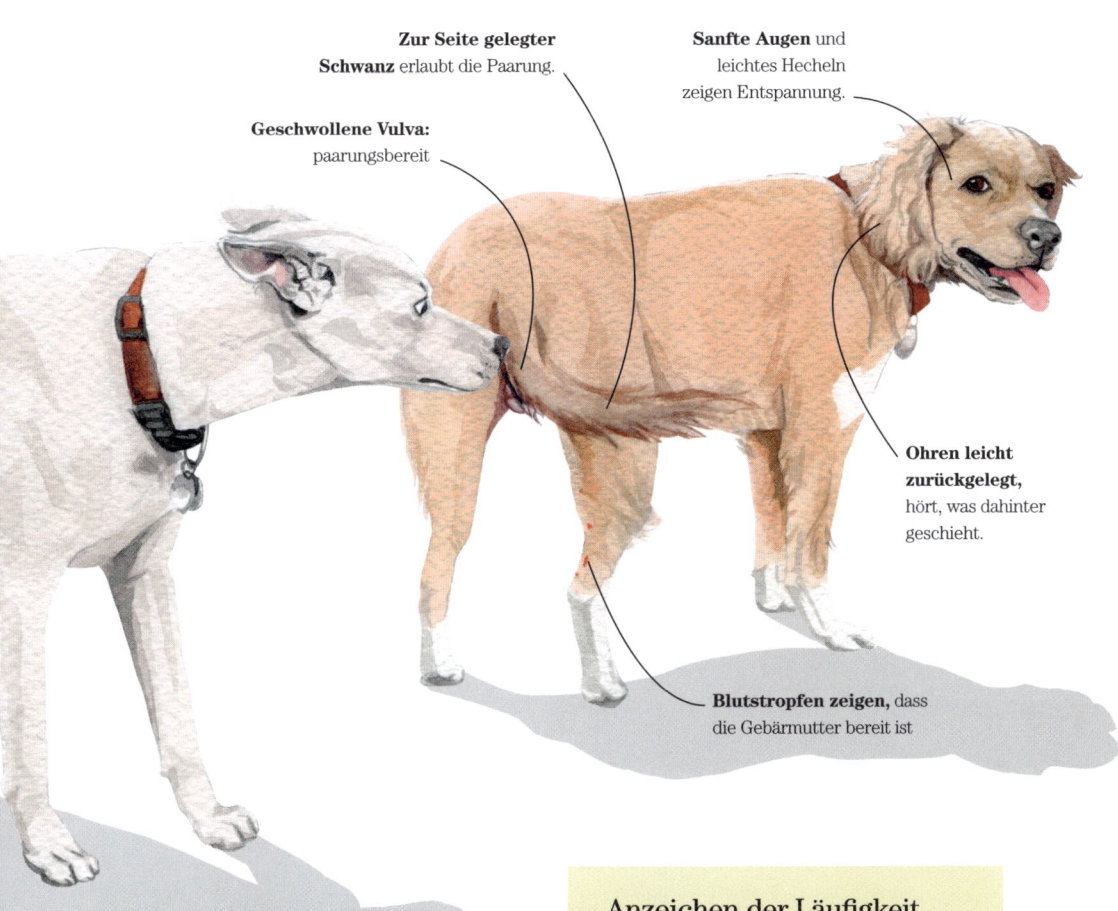

Zur Seite gelegter Schwanz erlaubt die Paarung.

Sanfte Augen und leichtes Hecheln zeigen Entspannung.

Geschwollene Vulva: paarungsbereit

Ohren leicht zurückgelegt, hört, was dahinter geschieht.

Blutstropfen zeigen, dass die Gebärmutter bereit ist

Und der Sinn?

Mit an die Seite gelegtem Schwanz zu stehen ist der einfachste Weg zu sagen: „Hallo! Ich bin fertil und bereit zur Paarung!"

Anzeichen der Läufigkeit

Anders als Menschen sind Hunde fruchtbar, wenn Ihre Periode beginnt. Anzeichen der Läufigkeit sind exzessives Lecken des Hinterteils, eine deutlich angeschwollene Vulva mit kleinen Blutflecken in diesem Bereich, Verhaltensänderungen wie Anhänglichkeit, Ruhelosigkeit, Appetitlosigkeit, Nervosität, häufigeres Wasserlassen und gelegentliche Aggressivität. Ja – auch unsere Hunde bekommen PMS!

PRAXISTIPPS

Hunde von Freunden

Freunde suchen wir uns normalerweise aus … nur Ihr Hund muss mit den Hunden Ihrer Freunde abhängen. Doch es ist meist leicht und spaßig, sich anzufreunden.

1
Gassi gehen
Am besten treffen sich die Hunde auf neutralem Boden, um zusammen spazieren zu gehen. Erst dann sollten sie zusammen die Wohnung der Freunde betreten, damit sich deren Hund nicht zu territorial aufführt.

2
Offene Türen
Schaffen Sie möglichst viel Platz für die Hunde, damit sie umherlaufen und sich aneinander gewöhnen können. Lassen Sie beide Hunde nach Leckerli suchen, damit sie zusammen entspannt schnüffeln können.

3
Wo soll ich sitzen?
Nehmen Sie Ihr Hundebett zur Wohnung der Freunde mit, um Ihrem Hund in der ungewohnt riechenden Umgebung einen Platz zu geben und ihn davon abzuhalten, das Bett des Hunds der Freunde zu besetzen.

4
Aufmerksamkeiten
Packen Sie die Leckerli aus und belohnen Sie beide Hunde dafür, dass sie ruhig in ihren eigenen Betten liegen. Dann freuen sich auch beide auf ihren nächsten Besuch!

5
Hausordnung
Legen Sie mit Ihren Freunden Grenzen fest. Der heimische Hund wird Ihren beim Überschreiten einer Grenze zurechtweisen, sodass sich Ihrer an die Hausordnung halten sollte.

6
Rückzugsorte
Es sollte genug Platz sein, dass sich die Hunde zurückziehen können, wenn sie schlafen oder mit einem beruhigenden Kauknochen chillen wollen.

VIERTES KAPITEL

Was ist mit meinem Hund los?

Manchmal tun Hunde Dinge, die uns beunruhigen. Es ist wichtig, ein solches Verhalten im Zusammenhang zu betrachten, sodass Sie verstehen, warum sich Ihr Hund so verhält, und angemessen und positiv reagieren können.

Mein Hund frisst nicht

Ich füttere meinen Hund, bevor ich zur Arbeit gehe, aber abends ist alles noch da. Es ist das allerbeste Futter. Warum frisst er es nicht?

Was denkt sich mein Hund?

Appetitmangel ist eins der ersten Zeichen, dass sich ein Hund nicht wohlfühlt (S. 136–137), doch es gibt auch noch andere Gründe. So kann der Hund einen Zusammenhang zwischen dem Gefüttertwerden und Ihrem Weggang herstellen. Oder der Geschmack langweilt ihn. Manche Hunde sind so clever, dass sie abwarten, ob es etwas Besseres gibt, wenn sie nicht fressen. Sehen Sie genau hin. Schnüffelt Ihr Hund am Futter und geht dann weg, frisst er etwas und spuckt es aus oder meidet er seine Nahrung grundsätzlich?

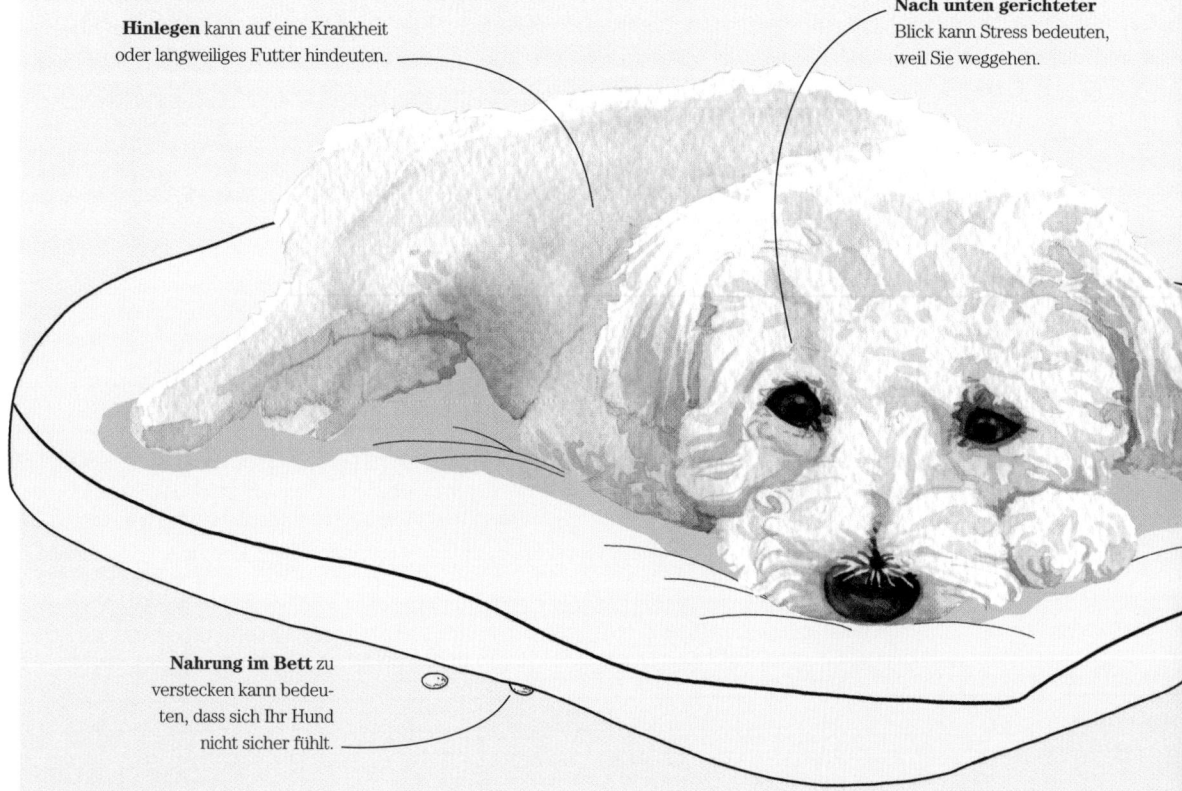

Hinlegen kann auf eine Krankheit oder langweiliges Futter hindeuten.

Nach unten gerichteter Blick kann Stress bedeuten, weil Sie weggehen.

Nahrung im Bett zu verstecken kann bedeuten, dass sich Ihr Hund nicht sicher fühlt.

Kämpfen oder fliehen

Wir können vermuten, dass ein Hund nicht sonderlich an Leckerlis interessiert ist, aber es gibt auch andere Gründe, sie zu ignorieren. Gefahren zu vermeiden hat eine höhere Priorität, und die Vorbereitung auf Kampf oder Flucht lenkt das Blut vom Verdauungssystem zu den Beinen. Wenn ein Hund unterwegs, im Auto oder zu Hause gestresst ist, wird er den Kopf selbst vom schmackhaftesten Leckerli abwenden.

Und der Sinn?

Ihr Hund frisst nicht, da Fressen keine Priorität hat. Beachten Sie den Zusammenhang, stellen Sie die Frage nach dem Sinn (S. 22–23) und fragen Sie einen Tierarzt.

Ausspucken bedeutet, dass das Futter nicht schmeckt oder die Zähne schmerzen.

Was soll ich tun?

Sofort:

Entspannen Sie sich. Wenn Sie Ihrem Hund Stress bereiten, wird er erst recht nicht mehr fressen.

Langfristig:

- **Laufen Sie mit Ihrem Hund.** Manche Hunde müssen erst Appetit bekommen.
- **Lassen Sie Ihren Hund es sich verdienen!** Präsentieren Sie die Nahrung verlockend und bitten Sie dann Ihren Hund, sich zu setzen und zu warten, bis Sie das OK geben.
- **Versuchen Sie es** mit rollendem Futterspielzeug oder mit in den Garten geworfenen Futterstücken, die erst gefunden werden müssen.
- **Wechseln Sie die Futtersorten** oder bieten Sie schmackhaftes rohes und frisches Futter ohne Konservierungsstoffe an.
- **Gehen Sie zum Tierarzt,** wenn Ihr Hund leckeres Futter nach 24 Stunden nicht gefressen hat.

Wenn Sie einen Labrador besitzen und diese Seite trotzdem zutrifft, rufen Sie sofort einen Tierarzt!

FÜR FORTGESCHRITTENE

Krankheitsanzeichen

Unsere Hunde verraten uns meist, wie sie sich fühlen, außer, wenn sie krank sind. Schmerz zu verbergen war für ihre wilden Vorfahren wichtig, da ein kranker Hund das Rudel belastete. Offensichtliche Krankheitsanzeichen umfassen Appetitverlust, Erbrechen und Durchfall, doch Verhaltensänderungen sind leicht zu übersehen – hier finden Sie einige Beispiele.

Umherrutschen

Es sind aus, als wolle sich Ihr Hund das Hinterteil abwischen. Vermutlich sind verstopfte Analdrüsen entzündet, sodass sie vom Tierarzt ausgedrückt werden müssen (S. 12–13). Gut ist, dass es nicht lebensbedrohlich ist, schlecht ist der Geruch! Das Ignorieren kann jedoch zu einem Abszess führen.

Nase reiben oder am Bein kauen

Juckende Nasen, Pfoten und Haut sind meist Zeichen einer Allergie. Gräserpollen und Staubmilben können der Auslöser sein. Wenn der Hund täglich zur gleichen Zeit die Nase reibt und an den Pfoten knabbert, kann das Futter die Ursache sein. Aber der Hund kann auch als Reaktion auf eine innere Störung, die er nicht erreichen kann, am Bein kauen.

Abgeschlagen

Manchmal gibt es subtile Zeichen wie Rastlosig-keit, Müdigkeit oder ein Abgeschlagensein mit erweiterten Pupillen, gesträubtem Fell, Spannung am Bauch und Hecheln. Die Hunde verbergen das, ohne zu winseln, sodass es Zeit für einen Arztbesuch ist, auch wenn der Hund sich nur ein wenig außer-gewöhnlich verhält.

Ungewöhnliche Aggression

Wenn Ihr ausgegliche-ner Hund mürrisch wird oder ohne Grund knurrt oder schnappt, gehen Sie zum Tierarzt. Ver-mutlich hat er Schmer-zen, die von einem ent-zündeten Zahn, einer Ohrinfektion oder sogar Krebs hervorgerufen werden können.

Nestbau

Ihre Hündin gräbt im Bett, beschützt ein wei-ches Spielzeug, erscheint depressiv oder pro-duziert sogar Milch. Das sind Symptome einer Scheinträchtigkeit. Durch hormonelle Schwan-kungen glaubt eine nicht kastrierte Hündin, dass sie Welpen habe. Dieser Zustand endet normalerweise von selbst, kommt er jedoch häufiger vor, fragen Sie den Tierarzt.

Lecken von Oberflächen

Leckt Ihr Hund an Wänden, Möbeln, Ihrem Körper oder sogar in der Luft? Er könnte ein Problem des Verdauungssystems haben. Eine Untersuchung von 19 entsprechenden Hunden zeigte, dass die meisten von ihnen eine Krankheit wie Bauchspeicheldrüsen-entzündung oder Reizdarmsyndrom hatten.

Mein Hund frisst Kot

Mein Hund würde allen Kot fressen, den er bekommen kann, wenn ich ihn nicht aufhielte – den der Katze, den anderer Hunde und sogar seinen eigenen. Und ja, er küsst mich mit seinem Maul!

Was denkt sich mein Hund?

Obwohl das Kotfressen einer der häufigsten Gründe ist, dass Hunde ausgesetzt werden, ist es ein natürliches Verhalten. Hündinnen lecken Welpen, damit sie sich lösen, und fressen den Kot, damit andere Raubtiere den Wurf nicht finden. Erwachsene Hunde fressen manchmal Kot, wenn sie sich in ihrer Umgebung bedroht fühlen und ihren Geruch verbergen wollen. Abhängig von Ihrer Reaktion kann Ihr Hund Kot fressen, weil er ihn für wertvoll hält oder Ihre Aufmerksamkeit bekommt (S. 22–23). Der Grund kann aber auch sein, dass ein Hund mit einem Reizdarmsyndrom die Nahrung nicht vollständig verdaut und sie daher gern noch einmal frisst.

Kot zu fressen ist ein natürliches Verhalten für Hunde, also bleiben Sie ruhig und halten Sie sie von jeder Versuchung fern.

Was soll ich tun?

Sofort:

- **Keinesfalls schimpfen oder bestrafen.** Ist das Verhalten stressbedingt, wird es dadurch nur schlimmer. Üben Sie stattdessen das Kommando „Aus!" und setzen Sie positive Verstärkung ein.
- **Loben Sie den Hund** und rufen Sie ihn mit einem Leckerli herein, wenn er sich im Garten löst. Dann gehen Sie sofort los und sammeln den Kot ein. Ein sauberer Garten sorgt für besseren Hundeatem!

Langfristig:

- **Sucht Ihr Hund ständig** nach Kot, benutzen Sie einen Maulkorb, um Zwischenmahlzeiten zu verhindern.
- **Lassen Sie einen Bluttest** beim Tierarzt machen, um das Verdauungssystem und die Leberwerte zu checken, und achten Sie auf regelmäßige Wurmkuren.
- **Verschwenden Sie kein Geld** für Produkte, die Hunden den Geschmack des Kots verderben sollen: Sie werden einen gewohnheitsmäßigen Kotfresser nicht abhalten.

Gebogener Rücken und angespannter Bauch verraten Stress.

Nichts verkommen lassen

Koprophagie (das Fressen von Kot) ist
bei vielen Tierarten üblich. Unter den
Säugetieren fressen Biber, Kanin-
chen, Nagetiere und Elefanten
ihren eigenen Kot. Katzenkot ist
für Hunde sehr verlockend, da
Katzen einen höheren Protein-
gehalt in ihrer Nahrung benötigen als Hunde. Daher ist ihr
Kot besonders „fleischig".

Augen suchen
nach Rivalen.

Ohren wachsam,
achten auf Störungen.

Mein Hund frisst Spielzeug

Mein Hund verschluckt sein Spielzeug. Wir waren daher schon oft beim Tierarzt. Er stiehlt und frisst Socken, Handtücher und Kinderspielzeug, sodass die Kinder ihn jagen, um es zurückzubekommen.

Was denkt sich mein Hund?

Im Hundeleben geht nichts über Besitz. Manche Welpen lernen dieses Verhalten von ihrer Mutter und den Geschwistern, wenn sie in einer stressigen Umgebung geboren worden sind. Leider wissen viele Menschen nicht, dass sie der Beziehung zu Welpen schaden, wenn sie ihnen immer wieder Dinge aus dem Maul nehmen, die sie gerade untersuchen. Der Hund lernt, dass er sie verschlucken muss, bevor sie ihm weggenommen werden. Das Verhalten zeigt, dass der Hund Hilfe benötigt. Wenn er etwas festhält, verhandeln Sie mit ihm über die Rückgabe. Wenn Sie es wegnehmen, verstärken Sie sein Verhalten nur.

Ungenießbares fressen

Das Fressen von Spielzeug, Socken, Steinen oder anderem ist etwas, das mehr als Geduld benötigt, um es zu stoppen. Manche Hunde entwickeln ein Pica-Syndrom, eine Störung, bei der nicht essbare Dinge konsumiert werden, auch wenn sie krank machen. Oft wird es bei Apportierhunden beobachtet, die gezüchtet wurden, Dinge im Maul zu tragen.

Was soll ich tun?

Sofort:

- **Regen Sie sich nicht auf.** Wenn Sie sich auf Ihren Hund stürzen, unterstützen Sie das Verschlucken. Und lassen Sie nichts von Kindern zurückholen.

- **Überreden Sie den Hund** mit Leckerli und Lob zum Fallenlassen oder Tauschen. Wenn er Sie meidet, verlassen Sie den Raum und schließen Sie die Tür. Zählen Sie bis fünf und öffnen Sie sie wieder – meistens kommen Hunde heraus und lassen den Gegenstand zurück.

- **Kleine Dinge wie Kiesel** werden meist wieder ausgeschieden. Beobachten Sie den Hund 24 Stunden lang und rufen Sie bei Problemen den Tierarzt. Falls Sie besorgt sind, rufen Sie sofort an, denn ein Darmverschluss kann tödlich sein.

Langfristig:

Fragen sie einen Trainer, der gewaltfreie Techniken anwendet, nach einer Lösung für dieses Verhalten.

Gebogener Rücken verrät Unbehagen.

Und der Sinn?

Das Verschlucken ist eine extreme Form des Bewachens. Hunde lagern Dinge in ihrem Magen, um sie zu behalten, wenn sie sich bedroht fühlen.

Beugen über das Spielzeug

Weißes der Augen: eine Warnung, fernzubleiben

Spannung verrät sich durch Falten.

Angespannt, voller Adrenalin

Pfote auf dem Spielzeug, besitzergreifend

PRAXISTIPPS

Hunde und Kinder

Für Kinder ist es wichtig, sich mit Hunden anzufreunden, sodass alle sicher miteinander aufwachsen. Eine entsprechende Erziehung sorgt dafür, dass sich Kinder und Hunde respektieren.

1

Hunde respektieren Kinder

Bringen Sie Ihrem Hund bei, sich zu setzen, bevor er Kinder begrüßt, und sich in sein Körbchen zu legen oder wegzugehen, wenn er sich nicht wohlfühlt. Obwohl Hunde Kinder als „Welpen" erkennen und oft rücksichtsvoll behandeln, kann das Aufspringen, Folgen oder an den Gesichtern riechen in den ersten Lebensjahren Phobien begründen.

2

Kinder respektieren Hunde

Lehren Sie Kinder, den Besitzer zu fragen, ob sie seinen Hund begrüßen dürfen, und den Hund vor einer Berührung an der Hand riechen zu lassen. Kinder müssen lernen, wie ein verängstigter Hund aussieht, dass sie mit gekreuzten Armen still stehen sollen, wenn ein Hund ihnen folgt oder sie jagt, und dass sie Hunde an der Leine nicht bedrängen dürfen.

3

Beachten Sie das Alter

Ältere Kinder können den Hund verstehen und sich richtig benehmen. Kleine Kinder kennen das Konzept des „Anderen" noch nicht, sodass es sinnlos ist, mit ihnen zu schimpfen, weil sie den Hund geärgert haben. Bei unter fünfjährigen Kindern konzentrieren Sie Ihr Training auf den Hund.

4

Nicht aus den Augen lassen

Beobachten Sie ständig das Verhalten der Kinder und die Körpersprache der Hunde. Hunde beißen, um „Nein!" zu sagen, wenn ihre Zeichen des Unwohlseins übersehen worden sind (S. 150–151). Trotzdem können nur wenige Eltern einem Hund vergeben, der ihr Kind gebissen hat.

Mein Hund pinkelt in der Wohnung

Ich habe meinen Hund zur Stubenreinheit erzogen, aber er pinkelt auf den Teppich und das Sofa. Ich habe Abschreckungs-sprays und ein Sprühhalsband eingesetzt, aber er pinkelt immer noch hinter meinem Rücken. Ist er einfach gemein?

Was denkt sich mein Hund?

Für einen Hund ist Urin kein Abfall – er ist auch ein Kommunikationsmittel. Hunde pinkeln daher oft auf ein neues Bett, damit es für sie vertraut riecht, doch wenn Ihr Hund regelmäßig im Haus pinkelt und gesund ist, fühlt er sich wahrscheinlich gestresst. Das kann an einer Veränderung im Tages-ablauf oder an sich streitenden Kin-dern liegen. Ihr Hund will dabei weder sein Revier markieren noch sich als Leittier positionieren. Natürlich ärgern Sie sich über sein Verhalten, doch sie sollten einfach einmal schauen, was er Ihnen mit seinem Benehmen sagen will (S. 20–21).

Was soll ich tun?

Sofort:

Ärgern Sie sich nicht. Wenn Ihr Hund ängstlich ist, verschlimmert sich dadurch sein Verhalten und er versteckt sich, wenn er vor die Tür müsste, sodass die Erziehung noch schwieriger wird.

Langfristig:

- **Bringen Sie Ihren Hund** zum Tierarzt. Er mag eine Harnwegs-entzündung haben oder ein anderes Problem, etwa Inkontinenz.
- **Wiederholen Sie die Erzie-hung** zur Stubenreinheit. Gehen Sie mit ihm stündlich vor die Tür und belohnen Sie ihn mit einem Leckerli, wenn er draußen pinkelt. Irgendwann gewöhnt er sich an das Gassigehen.
- **Versuchen Sie, Ihrem Hund** zu helfen, sodass er sich entspannter fühlt. Regelmäßige Routinen, klare und liebevoll gesteckte Grenzen und anregende Spielzeuge unter-stützen die Entspannung.
- **Wenn Ihr Hund** vor allem in Ihrer Abwesenheit pinkelt, wiederho-len Sie die Trennungserziehung (S. 178–179).
- **Benutzen Sie** biologisch wirksame Reinigungsmittel. Die empfindlichen Hundenasen sorgen sonst für das Pinkeln an gleicher Stelle.

Und der Sinn?

Das Pinkeln kann versehentlich, stress- oder krankheitsbedingt geschehen. Schauen Sie, was um Ihren Hund herum geschieht (S. 22–23).

Achtet auf Gefahren, fühlt sich beim Pinkeln verletzlich.

Weißes der Augen bedeutet: „Bleib weg!"

Erhobener Schwanz als Signal der Spannung

Angespanntes Maul: „Ich bin gestresst!"

Die Höhe zählt

Hunde geben über den Urin detaillierte Informationen über sich weiter (S. 12–13). Rüden und manche Hündinnen heben ihr Bein, damit ihre Unterschrift so hoch wie möglich platziert ist und am besten auf den „Social Media" zu finden ist. Manche machen dabei sogar einen Handstand, sodass sie eine Konversation starten, die über ihrem Kopf stattfindet!

145

Mein Hund zeigt seinen Penis

Ich hatte den Penis meines Hunds noch nicht gesehen. Er sparte sich diese rote „Überraschung" für den Tag auf, an dem wir bei der Familie meines Partners zum Essen eingeladen waren. Vielen Dank!

Was denkt sich mein Hund?

Rote Rakete oder Lippenstift (wie auch immer man den Penis nennt) – sein plötzliches, unbegründetes Erscheinen wird manche Leute (insbesondere neugierige Kinder) dazu bringen, auf das Gesehene hinzuweisen. Hunde werden natürlich erregt, auch kastrierte, doch der Grund liegt nicht immer im Verlangen nach Sex. Es bedeutet definitiv nicht, dass der Hund an Ihnen interessiert ist! Die Vorfreude auf einen Spaziergang, ein Training oder eine leckere Mahlzeit reicht schon! Die Erregung kann aber auch der Hinweis auf etwas sein, das den Hund ängstigt.

Probleme mit dem Penis

Als „Phimose" bezeichnet man es, wenn der Penis des Hunds sich nicht aus der Vorhaut schieben lässt. Manchmal lässt er sich auch nicht zurückziehen. Als „Paraphimose" bezeichnet man es, wenn der nicht erigierte Penis nicht zurückgezogen werden kann, während beim „Priapismus" die Schwellkörper gefüllt bleiben. Und wussten Sie, dass der Hund einen Penisknochen besitzt?

Was soll ich tun?

Sofort:

- **Versuchen Sie, den Penis zu ignorieren,** und hoffen Sie, dass er verschwindet! Manche Trainer glauben, dass das der beste Weg ist, um nicht versehentlich das Verhalten zu belohnen oder zu verstärken.
- **Wenn Ihr Hund gestresst ist,** entfernen Sie sich mit ihm und helfen Sie ihm dabei, sich zu beruhigen.

Langfristig:

Obwohl er sich normalerweise von selbst zurückzieht, bleibt der Penis manchmal außerhalb der Vorhaut (der behaarten Haut, die ihn bedeckt) stecken. Das kann zu einer Austrocknung und einer Entzündung führen. Noch schlimmer ist es, wenn der Penis einige Stunden lang ausgestreckt ist und die Blutzufuhr eingeschränkt wird. Dann kann das Gewebe absterben, sodass es amputiert werden muss. Prüfen Sie, ob der Penis nach zehn Minuten noch zu sehen ist, denn dann benötigt Ihr Hund möglicherweise die Hilfe des Tierarztes.

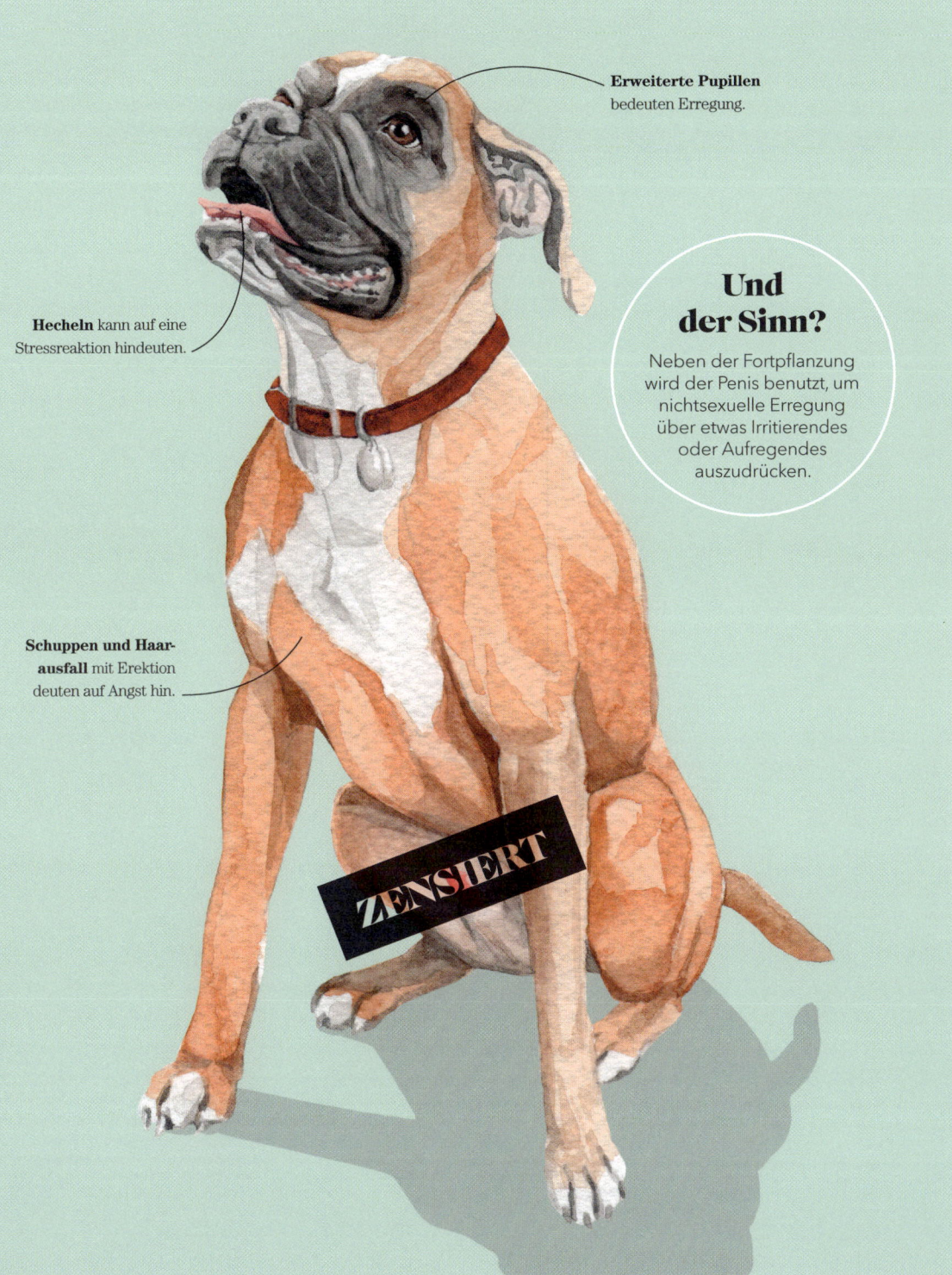

Erweiterte Pupillen bedeuten Erregung.

Und der Sinn?

Neben der Fortpflanzung wird der Penis benutzt, um nichtsexuelle Erregung über etwas Irritierendes oder Aufregendes auszudrücken.

Hecheln kann auf eine Stressreaktion hindeuten.

Schuppen und Haarausfall mit Erektion deuten auf Angst hin.

ZENSIERT

Mein Hund knurrt mich an

Mein Hund aus dem Tierheim und ich verstehen uns gut, doch manchmal knurrt er meine Freunde und mich an. Soll ich ihn zurückbringen? Ich will keinen aggressiven Hund haben!

Was denkt sich mein Hund?

Langsam! Ihr Hund hatte wohl eine schwierige Vergangenheit und braucht Hilfe. Gut ist, dass er Sie warnt, wenn etwas nicht stimmt. Hunde zeigen sich steigernde Verhaltensweisen, wenn sie sich nicht wohlfühlen (S. 150–151). Wie ein Revolverheld mit der Hand über der Waffe wird ein Hund knurren und warten, wer zuerst zieht, oder zurückweichen und sich vertragen. Knurren kann auch durch Krankheit ausgelöst werden (S. 136–137). Ziehen Sie professionelle Hilfe hinzu, bevor Sie weitreichende Entscheidungen treffen.

Seitlich abgestellte Ohren signalisieren „Abstand halten!".

Harte Augen: „Ich scherze nicht!"

Schnauze zieht die Lippen zurück.

Gekräuselte Lippen, um ein Duell anzubieten

Geduckte „Angstknurren-Stellung", um weniger bedrohlich zu wirken

Und der Sinn?

Unabhängig vom Grund – Angst, Frustration oder dem Willen einzuschüchtern – sagt ein knurrender Hund: „Ich will dich nicht beißen!"

Knurren ist gut! Ein knurrender ist kein beißender Hund. Ein knurrender Hund bittet um Hilfe.

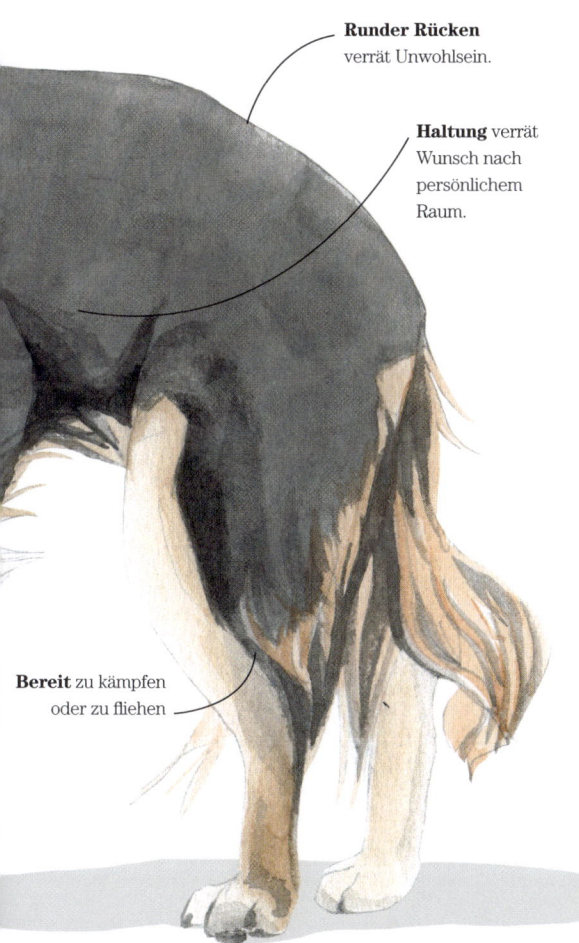

Runder Rücken verrät Unwohlsein.

Haltung verrät Wunsch nach persönlichem Raum.

Bereit zu kämpfen oder zu fliehen

Was soll ich tun?

Sofort:

- **Stehen Sie still,** leicht zur Seite gedreht und drohen Sie nicht. Starren Sie den Hund nicht an und atmen Sie gleichmäßig.
- **Ihr Hund fühlt sich unwohl.** Verschaffen Sie ihm Platz.
- **Schimpfen Sie nicht!** Wenn Sie Ihren Hund bestrafen, wird er Sie nicht mehr warnen, sondern direkt zubeißen.

Langfristig:

- **Lassen Sie den Tierarzt** nach Erkrankungen suchen.
- **Achten Sie auf Anzeichen** des Unwohlseins, bevor der Hund zu knurren beginnt. Wenn Sie sie erkennen, verschaffen Sie ihm rechtzeitig Platz.
- **Ein Trainer** kann herausfinden, warum Ihr Hund knurrt, und einen Weg finden, sein Verhalten zu ändern – oder Ihres!

Warnen oder Spielen

Hunde erzeugen die unterschiedlichsten Laute (S. 12–13). Sie können knurren, um Aufmerksamkeit oder Leckerli zu erhalten oder ein Spiel zu beginnen. Ein Spielknurren ist oft übertrieben und laut und kann zwischen einem hohen „geschwätzigen" Ton und einem tiefen Grollen wechseln. Warnendes Knurren bleibt dagegen tief und guttural.

FÜR FORT-GESCHRITTENE

Aggressions-verhalten

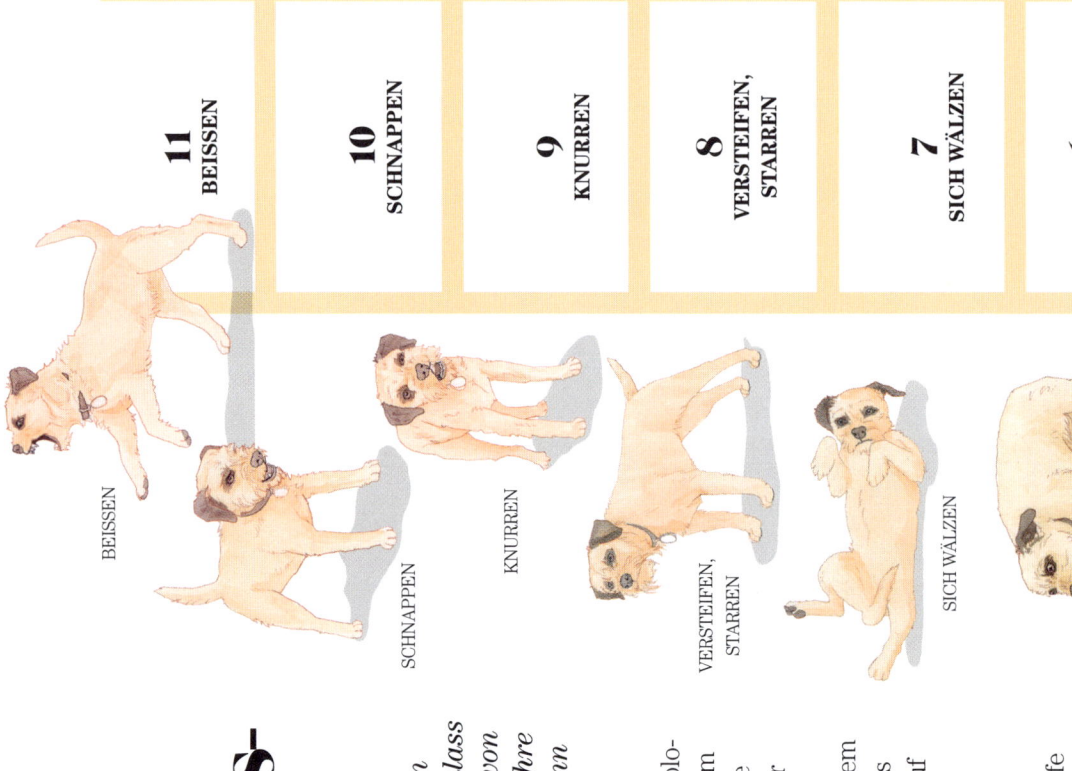

11 BEISSEN

10 SCHNAPPEN

9 KNURREN

8 VERSTEIFEN, STARREN

7 SICH WÄLZEN

6 GEDUCKT, SCHWANZ

BEISSEN

SCHNAPPEN

KNURREN

VERSTEIFEN, STARREN

SICH WÄLZEN

GEDUCKT, SCHWANZ

Für Hunde können Aggressionen fatal sein. Statt beim geringsten Anlass zu kämpfen, haben sie eine Reihe von Verhaltensweisen entwickelt, um ihre Zähne nur dann einzusetzen, wenn es nicht zu vermeiden ist.

Die Stufen der Eskalation hat die Ethologin Dr. Kendal Shepherd entworfen, um uns zu helfen zu verstehen, wie Hunde reagieren, wenn sie sich gestresst oder bedroht fühlen. Alle Hunde beginnen mit Beschwichtigungssignalen wie einem Nasenlecken oder Gähnen. Wird dieses Signal ignoriert, wird der Hund sich auf den Stufen nach oben bewegen. Mit der Zeit lernt er, sich nicht mit Schritten aufzuhalten, die nicht funktioniert haben, sondern sich direkt auf die Stufe zu begeben, die einen Effekt erzielt hat.

5
KRIECHEN, OHREN
ZURÜCKGELEGT

4
WEGGEHEN

3
SICH WEGDREHEN
SITZEN, PFOTE HEBEN

2
KOPF WEGDREHEN

1
GÄHNEN, BLINZELN,
NASE LECKEN

KRIECHEN,
OHREN
ZURÜCKGELEGT

WEGGEHEN

SITZEN,
PFOTE HEBEN

KOPF
WEGDREHEN

NASE LECKEN

Das lässt sie gegenüber anderen Hunden und Menschen oft aggressiv wirken. Wir können sogar versehentlich Hunde zur Aggressivität erziehen, wenn wir das anfängliche Verhalten nicht beachten. Achten Sie immer auf die Zusammenhänge. Die meisten Verhaltensweisen können abhängig von der Situation auch andere Bedeutungen haben.

Beachten Sie die Zeichen

Kein Hund wird aggressiv geboren. Es ist eine erlernte Reaktion, die wir vermeiden können, wenn wir auf die anfänglichen Anzeichen von Unwohlsein achten. Zeigt Ihr Hund diese Verhaltensweisen, treten Sie zurück, lassen ihm Raum und hören den leisen Signalen zu, sodass er nicht laut werden muss. Lehren Sie Hunde mit Aggressionsbewältigungsdefiziten, dass leise Signale, wie etwa Weggehen, Aggressionen zu vermeiden helfen.

Stufe für Stufe

Jede Stufe zeigt die Anzeichen, mit denen ein Hund zunehmenden Stress signalisieren kann.

Mein Hund zwickt mich

Manchmal zwickt mich mein Hund. Er ist erst ein Welpe und beißt nur sanft zu, aber ich möchte nicht, dass er bissig wird. Wenn ich ihn anschreie, wird es nur noch schlimmer.

Was denkt sich mein Hund?

Keine Aufregung – das ist vollkommen normal! Welpen verlieren ihr Milchgebiss in Alter von fünf bis sechs Monaten und zwicken, um den Schmerz des Zahnens zu lindern. Und wenn der Welpe aufgeregt oder gestresst ist und sich im Moment nicht streiten möchte, ist es am leichtesten, Sie in die Hand zu zwicken, um es Ihnen mitzuteilen. Welpen erkunden die Welt um sie herum auch vor allem mit dem Maul – es ersetzt ihnen die Hände. Dieses auf das Maul ausgerichtete Verhalten wird zum Trainieren von Assistenzhunden eingesetzt, doch wenn es zur Gewohnheit wird, müssen Welpen lernen, dass Zähne auf der Haut niemals in Ordnung sind.

Beißen ist ein rassenspezifisches Verhalten für viele Hunde, etwa Terrier, Wach- und Hütehunde, doch es kann mit Training eingedämmt werden.

Was soll ich tun?

Sofort:

- **Wenn Sie beim Spiel** Zähne fühlen, sagen Sie „Aua!" und machen eine Pause. Wenn Ihr Hund wieder beißt, geben Sie ihm eine zehnsekündige Auszeit in einem anderen Raum, damit er versteht, dass es nicht OK war. Wenn Sie ihn gestreichelt haben, als es passiert ist, war es ihm zu viel – also ziehen Sie sich zurück.
- **Bieten Sie eine gefrorene Möhre** oder ein Gummispielzeug an. Wenn der Welpe zahnt, hilft es ihm, etwas zu beißen zu haben.

Langfristig:

- **Leiten Sie das Beißen** auf Spielzeug um und loben Sie den Hund dafür. Dann können Sie das Nicht-ins-Maul-nehmen trainieren.
- **Ihr Hund sollte** regelmäßige Pausen bekommen. Übermüdete Welpen neigen zum Zwicken.
- **Achten Sie auf** die Spielgefährten – Menschen und Hunde –, dass sie ihm keine schlechten Manieren beibringen, wie Beißen als Spielaufforderung.

Spitze Zähne

Welpen haben spitze Zähne, damit sie einen maximalen Schmerz mit geringem Aufwand hervorrufen können. Am Zwicken merkt ihre Mutter, wann sie sie entwöhnen sollte. Es bedeutet auch, dass die Welpen von Geschwistern und Menschen zurückgewiesen werden, wenn sie zu fest beißen. So lernen sie sich zurückzuhalten, bevor sie das Erwachsenen- gebiss bekommen.

Spielerische Haltung:
„Sei mir nicht böse!"

Zwicken beruhigt
die jungen Kiefer.

Der Blick sagt: „Rede mit mir!"

Und der Sinn?

Das Testen von Ober- flächen, Zahnen, Aufmerk- samkeit suchen, Stress und Aufregung sind Gründe für das Zwicken. Welcher ist es bei Ihrem Hund?

Mein Hund beißt zu!

Mein Hund hat mich, meinen Tierarzt und einige Freunde gebissen. Ich habe es manchmal geschafft, ihn zu packen und zu stoppen, doch ich weiß nicht, wann es wieder passieren wird.

Was denkt sich mein Hund?

Meistens hat er keine andere Wahl. Wir nehmen oft an, dass Beißen etwas mit Aggression und Einschüchterung zu tun hat. Grundsätzlich beißt Ihr Hund aber, weil er gelernt hat, dass es funktioniert – entweder, um etwas zu bekommen, etwa Aufmerksamkeit, oder etwas loszuwerden, wie eine bedrohliche Person. Die meisten Hunde wollen nicht beißen, da sie auch selbst verletzt werden könnten. Sie haben nur gelernt, dass ein weniger aggressives Verhalten nichts nützt (S. 150–151). Jedes Beißen hat ernsthafte Konsequenzen für Sie und Ihren Hund. Zum Glück können beißende Hunde mit Geduld und professioneller Hilfe rehabilitiert werden.

Was soll ich tun?

Sofort:

- **Sperren Sie den Hund weg** und versorgen Sie die Verletzung. Wenn die Haut verletzt ist, muss die Wunde medizinisch versorgt werden (Reinigung, gegebenenfalls Antibiotikagabe, Tetanus- und Tollwutimpfung).

- **Bleiben Sie ruhig.** Wenn Sie den Hund bestrafen, wird er noch unsicherer und wird wieder beißen.

Langfristig:

- **Plötzliches aggressives Verhalten** kann auf Schmerzen hindeuten. Zeit für den Tierarzt!
- **Ziehen Sie einen Trainer** hinzu, der gewaltlose Techniken einsetzt, um Ihrem Hund beizubringen, dass er nicht beißen muss, damit andere weggehen oder ihm Aufmerksamkeit widmen.
- **Verringern Sie das Risiko,** indem Sie Hunde, Menschen und auch Situationen meiden, die ihn zum Beißen verleiten. Legen Sie dem Hund unterwegs einen Maulkorb an.

Das Gesetz ergreift selten Partei für den Hund und es kann schnell zu seiner Einschläferung kommen – also suchen Sie professionelle Hilfe!

Und der Sinn?

Beißen ist nicht „böse". Es kann von Furcht, Frustration oder zu großem Selbstbewusstsein ausgelöst werden oder Gewohnheit sein (S. 22–23).

Gesicht und Körper angespannt, voller Adrenalin

Ohren leicht nach hinten gelegt: Verteidigungsmodus

Augen starren das Ziel an.

Harte Augen und große Pupillen wirken furchteinflößend.

Entblößte Zähne: „Ich will nicht beißen!"

Nach vorn gelehnt, bereit zum Beißen und Kämpfen

Abstufungen des Beißens

Diese Skala führt die Ernsthaftigkeit des Beißens auf. Sie ist hilfreich, wenn Sie Ihren Trainer detailliert informieren wollen.

1. **In die Luft schnappen:** Warnung, kein Kontakt
2. **Biss, Loslassen:** Disziplinierung, Test, Einschüchtern
3. **Biss, Biss, Loslassen:** Bissreihe, gefolgt vom Rückzug
4. **Biss, Halten:** Selbstbewusster Biss zum Unterdrücken
5. **Biss, Halten, Schütteln:** Biss zum Töten

PRAXISTIPPS

Ein zweiter Hund

Hunde sind soziale Tiere, doch ein zweiter Hund kann beim ersten das Gefühl wecken, dass er Konkurrenz bekommen hat – wenn Sie ihm nicht helfen, eine solide Freundschaft aufzubauen.

1

Mini-Dates

Stellen Sie einen Hund aus dem Tierheim vor, indem Sie ihn auf viele kurze Spaziergänge mit Ihrem Hund mitnehmen. Führen Sie beide mit einigen Metern Abstand an der Leine, bevor Sie sie im Park zum Treffen freilassen.

2

Achten Sie auf Signale beim Spielen

Kommen die Hunde wirklich miteinander aus? Wenn beide stundenlang ohne Pause „spielen", üben Sie eher für den Kampf! Schieben Sie Pausen ein, indem Sie sie zu sich rufen, bieten Sie zur Beruhigung ein Entspannungsmattentraining oder Spielzeuge an, auf die das Spiel ausgerichtet werden kann. Wenn Sie die Merkmale des Fair Play kennengelernt haben (S. 120–121), können Sie einen liebevollen Schiedsrichter abgeben.

3

Elternteil

Erwachsene Hunde haben mit Welpen eine gewisse Geduld, doch Sie müssen die eigentliche Elternschaft übernehmen. Ihr erster Hund benötigt einen Rückzugsort, an dem er sich erholen kann.

4

Zusammen lernen

Es ist ungemein wichtig, dass Sie beiden Hunden die gleiche Aufmerksamkeit widmen. Trainieren Sie sie gemeinsam, sodass sie die gemeinsame Zeit als tollen Spaß empfinden!

5

Gütertrennung

Jeder Hund benötigt ein eigenes Bett und einen eigenen Fressnapf. Obwohl die Hunde später vielleicht zusammen schlafen, lieben Sie es nicht, Kopf an Kopf zu fressen.

Mein Hund jagt seinen Schwanz

Im Garten jagt mein Hund immer seinen Schwanz. Das ist so lustig! Doch wenn er ihn hat, knabbert er daran herum …

Was denkt sich mein Hund?

Das Jagen ist für Hunde sehr befriedigend, doch das Jagen des Schwanzes ist ein Anzeichen von Not. Es beginnt oft als Motivationskonflikt, etwa draußen pinkeln zu wollen, aber Angst vor dem Nachbarhund zu haben. Das frustrierte Gehirn will verschiedene Richtungen vorgeben, doch die Aktion verläuft im Kreis. Das Jagen des Schwanzes oder von Lichtern, Autos und Bällen sowie die übertriebene Fellpflege werden zur Zwangsneurose, die die Gesundheit beeinträchtigen kann und behandelt werden muss. Manche Hunde wollen durch Schwanzjagen auch Aufmerksamkeit erregen.

Wir lachen über Dinge, die wir nicht verstehen. Doch das Jagen des Schwanzes, von Lichtern oder Schatten ist für den Hund nicht lustig.

Und der Sinn?

Alle zwanghaften Verhaltensweisen sollen den Hund kurzfristig beruhigen, indem sie zur Ausschüttung des Wohlfühlhormons Dopamin führen.

Zottiges Fell und Schuppen sind Zeichen von Stress.

Was soll ich tun?

Sofort:

- **Lachen Sie nicht** und bestärken Sie das Verhalten des Hunds nicht.
- **Lenken Sie** die Aufmerksamkeit des Hunds auf ein Spiel oder Futterspielzeug oder veranstalten Sie eine Trainingseinheit.

Langfristig:

- **Fragen Sie einen auf Verhalten** spezialisierten Trainer, die Angst Ihres Hunds zu analysieren und zu behandeln. Notieren Sie die Situationen, Geräusche, Zeiten oder Umgebungen, die das Verhalten auslösen.
- **Zwei bis drei Mahlzeiten** täglich werden die Energie und den Schlaf regeln, und geistige und körperliche Beanspruchungen werden für natürliche Entspannung sorgen.
- **Wenn Sie Ihren Hund** während Ihrer Abwesenheit einsperren, sollten Sie jemanden bitten, zwischendurch einmal nach ihm zu sehen. Lassen Sie Spielzeug wie Puzzles oder interaktive Futterautomaten zu Hause, damit sich Ihr Hund während Ihrer Abwesenheit geistig beschäftigen kann.

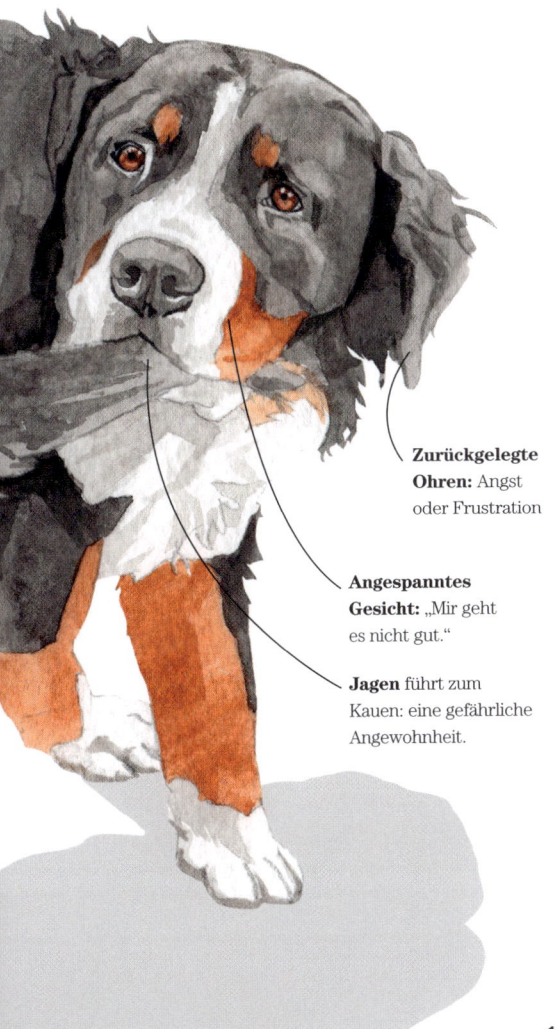

Zurückgelegte Ohren: Angst oder Frustration

Angespanntes Gesicht: „Mir geht es nicht gut."

Jagen führt zum Kauen: eine gefährliche Angewohnheit.

Gute Frustration

Die bewältigbare Menge des Stresses bei erwachsenen Hunden wird in jungen Jahren durch natürliche Frustrationen festgelegt. Sie fördern die neuronale Plastizität des Welpengehirns – die Möglichkeit, sich als Folge der Herausforderungen der Umwelt anzupassen und das Hirn neu zu vernetzen. Daher können die Entwöhnung, das Spiel mit Geschwistern und kurze Trennungen die spätere Belastungsfähigkeit des Hunds steigern.

Mein Hund beruhigt sich nicht

Mein Hund dreht durch. Zu Hause und bei Spaziergängen will er überhaupt nicht hören. Er hat mir sogar einen Kopfstoß verpasst, sodass ich Angst habe, er könne jemandem einen Zahn ausschlagen!

Was denkt sich mein Hund?

Die verrückte Verspieltheit verrät, dass der Hund nicht glücklich ist und Ihre Hilfe benötigt. Wenn Ihr Hund bereits gestresst oder erregt ist – ein neuer Besucher oder ein Spiel im Park –, dann wird die Grenze zu echtem Stress überschritten, wenn Sie sich über ihn beugen, ihm Leckerli anbieten oder ihn übertrieben rufen. Der Hund wird hyperaktiv und hört Sie nicht mehr. Wenn Sie ihn festhalten, um ihn zu stoppen, kann er einen Kopfstoß zur Selbstverteidigung ausführen, um mehr Raum für sich zu gewinnen.

Fünf Reaktionen

Wenn Hunde und Menschen etwas Aufregendem oder Alarmierendem begegnen, können Sie kämpfen, flüchten, erstarren, ohnmächtig werden oder flirten. Bei Hunden wirkt der „Flirt" wie Übererregbarkeit oder Verspieltheit – so wie wir einen Witz zum Brechen von Spannung benutzen. Hunde haben ihre verrückten fünf Minuten, kauen Dinge oder jagen ihren Schwanz (S. 42–43, 94–95 und 158–159).

Was soll ich tun?

Sofort:

- **Entfernen Sie Ihren Hund** aus der Situation oder dem Raum und warten Sie mit ihm an der lockeren Leine, bis er sich beruhigt.
- **Wenn Sie im Haus sind,** führen Sie ihn in den immer gleichen Raum, sagen Sie „Sitz!" oder „Platz!" und belohnen ihn mit Leckerli für seine Ruhe. Draußen setzen Sie Spaziergang oder Spiel fort und belohnen ruhiges Verhalten.

Langfristig:

- **Wenn Familie und Freunde** verstanden haben, dass sie Ihren Hund nicht aufregen dürfen, können Sie soziale Situationen zum Training benutzen. Aber nicht zu schnell: Führen Sie Auslöser wie die Türklingel einen nach dem anderen ein.
- **Hunde brauchen Ruhe** zum Schlafen und mindestens eine Stunde geistiger und körperlicher Stimulation pro Tag (das Doppelte für Schäferhunde, Huskys und Collies).
- **Proteinreiches Futter** ohne Konservierungsmittel kann helfen.

Und der Sinn?

Das ist die Art, mit der ein sich ohnehin schon in einer aufregenden oder ängstigenden Situation befindender Hund auf zusätzliches Adrenalin reagiert.

Stressfalten sagen: „Ich flippe aus!"

Erweiterte Pupillen durch Adrenalin

Spatelförmige Zunge (unten breiter) signalisiert Stress.

Hochspringen, um aufgestaute Energie loszuwerden

Hautrötung aufgrund starker Durchblutung durchs Fell sichtbar

Mein Hund ist nie still

Mein Hund ist ein Waschweib. Er winselt, bellt und quietscht den ganzen Tag über – ob ich telefoniere, fernsehe oder auf die Toilette gehe. Er macht mich verrückt!

Und der Sinn?

Ihr Hund könnte Ihnen unter Anderem sagen, dass er aufgeregt ist und spielen möchte, oder er möchte Sie auf eine Gefahr aufmerksam machen.

Was denkt sich mein Hund?

Es ist süß, wenn Sie Ihren Hund etwas fragen und eine enthusiastische Antwort bekommen. Aber wissen Sie was? Wenn Sie antworten, meint er, dass Sie als gut erzogener Mensch auf sein Bellen reagieren! Und wenn er so Ihre Aufmerksamkeit erregen kann, „redet" er ständig. Ob Sie einen „Hallo" sagenden Husky haben, einen quietschenden Springer Spaniel oder einen Terrier, der mit Taylor Swift singt – unerwünschte Laute wirken wie chinesische Wasserfolter. Einige Rassen sind von Geburt an geschwätzig, und das hat verschiedene Funktionen (S. 12–13). Meistens lässt sich dieses Verhalten aber auch abtrainieren.

Domestizierte Hunde besitzen im Vergleich zu Wölfen ein riesiges Repertoire an Geräuschen, nur um mit uns zu kommunizieren!

Was soll ich tun?

Sofort:

- **Sagen Sie nicht,** dass Ihr Hund Ruhe halten soll. Er denkt dann nur, dass Sie mitmachen wollen.
- **Wenn Ihr Hund** Aufmerksamkeit sucht, tun Sie ihm nicht den Gefallen. Er wird immer wieder bellen, damit Sie zurückzukommen, etwas holen oder ihn füttern, wenn Sie es durch Ihr Handeln verstärken.

Langfristig:

- **Achten Sie auf das Verhalten des Hunds** bei den Mahlzeiten, wenn Sie spielen, Türen öffnen oder hinter Möbel kriechen, um Spielzeug hervorzuholen. Benutzt er immer die Stimme, um Sie zu verschiedenen Dingen aufzufordern?
- **Lassen Sie sich** von der Familie helfen, dem Hund alternative Verhaltensweisen beizubringen. Es ist wichtig, dass niemand ihm gibt, was er will, wenn er winselt oder bellt.

Die entspannte Muskulatur zeigt, dass die Laute nichts mit Angst oder Bedrohung zu tun haben.

Keine schnelle Lösung

Es gibt Produkte, die Hunden durch Sprays oder elektrische Schläge das Bellen abgewöhnen sollen. Diese Lösungen schaden langfristig der geistigen und körperlichen Gesundheit des Hunds und verändern nicht die Gründe seines Verhaltens – beispielsweise, dass Ihr Hund bellt, wenn Sie nicht da sind (S. 178–179). Elektroreizgeräte sind in Deutschland übrigens verboten.

Keine Zähne zu sehen: kein Stress!

Feuerwerke

Wenn es knallt und der Himmel in Farben explodiert, verstecken sich die meisten Hunde. Doch es gibt Dinge, die Sie tun können, damit Ihr Hund nicht wie eine Rakete davonschießt.

1

Ermüden Sie ihn

Nehmen Sie Ihren Hund auf einen langen Spaziergang mit und veranstalten Sie ein geistiges Training, damit er sich schläfrig und entspannt fühlt, bevor das Feuerwerk beginnt.

2

Entspannungshilfe

Etwas zum Kauen oder ein Futterspielzeug sind eine gute Ablenkung von lauten, seltsamen Geräuschen. Auch ein Pheromon-Halsband kann Ihrem Hund helfen, seine innere Ruhe zu finden.

3

Unterschlupf

Schaffen Sie einen Rückzugsort, an dem sich der Hund besonders sicher fühlt – vielleicht unter Ihrem Bett. Schließen Sie die Gardinen und spielen Sie Musik, um das Feuerwerk zu übertönen.

4

Komfort, nicht verhätscheln

Wenn Ihr Hund Ihnen Ihre Besorgnis anmerkt, wird er nur noch nervöser. Sie können einen Hund mit Ihrer Gegenwart und Stimme trösten, ohne seine Angst durch Kuscheln, übertriebenes Streicheln oder Mitleid zu verstärken. Zeigen Sie ihm, dass Sie sich gut fühlen, indem Sie lächeln und entspannt sind.

5

Gut vorbereiten

Gewöhnen Sie Welpen früh an laute Geräusche. Ein Soundtrack, auf dem auch Feuerwerke und schreiende Babys zu hören sind, kann in Kombination mit Leckerli oder einem Spielzeug Ihrem Hund vermitteln, dass seltsame Geräusche positive Aspekte haben. Trainierte Jagdhunde werden auch von Schüssen nicht irritiert!

Mein Hund apportiert nicht

Ich habe es aufgegeben, meinen Hund das Apportieren zu lehren. Meist rennt er mit einem Ball davon und zerfetzt ihn. Warum holt er keine Dinge wie andere Hunde?

Was denkt sich mein Hund?

Die meisten Hunde jagen schnell laufende Dinge, doch was dann geschieht, hängt von der Kombination von Rasse und individueller Erfahrung ab. Terrier sind zum Beispiel zum Töten von Schädlingen gezüchtet, sodass sie einen quietschenden Ball gern schreddern. Wir können versehentlich das Apportieren abtrainieren, indem wir glauben, dass der Hund gern teilt. Will er es nicht, führt das Hinterherlaufen und Herausfischen des Balls aus dem Maul nur dazu, dass der Hund davonläuft.

Apportieren lehren:

- **Beginnen Sie mit zwei** gleichen Spielzeugen oder Bällen. Einen behalten Sie in der Tasche und den anderen halten Sie in der Hand, damit Sie mit Ihrem Hund etwas zu verhandeln haben.
- **Zeigen Sie Ihrem Hund** das Spielzeug und tun Sie so, als ob er es nicht haben könne! Laufen Sie umher, bis Ihr Hund Ihnen folgt.

- **Werfen oder rollen** sie das Spielzeug und loben Sie den Hund, wenn er hinterherläuft und hineinbeißt.
- **Wenn Ihr Hund** es sofort aufnimmt, gehen Sie weg. So wird er Ihnen mit dem Spielzeug näherkommen.
- **Ist der Hund da,** nehmen Sie das zweite Spielzeug heraus, heben es hoch und sagen: „Lass los!"
- **Warten Sie,** bis Ihr Hund das erste Spielzeug fallen lässt und werfen Sie dann das zweite. Haben Sie Geduld und bleiben Sie freundlich.

Tipp: Ist Ihr Hund nicht an Spielzeugen interessiert, benutzen Sie ein paar Wochen lang Futterspielzeuge.

Fünf Stufen

Manche Rassen apportieren von Natur aus lieber als andere, doch im Prinzip ist es ein fünfstufiges Spiel des Vertrauens, das gelehrt werden muss. Der Hund muss etwas jagen, beißen, tragen, zu Ihnen hinlaufen und es fallenlassen – es ist recht kompliziert. Bei jedem dieser Schritte kann Ihr Hund sich aus dem Spiel zurückziehen, sodass Sie jedes Stadium des Spiels verlassen und wieder neu in es einsteigen müssen.

Schwanz erhoben:
erregt von der Jagd
und achtet auf die
Umgebung.

Terrier sind zum
Töten, nicht zum
Tragen gezüchtet!

Das Ausweiden der „Beute" kommt nach
der Jagd. Wenn Ihr Hund den Ball zerfetzt,
ist das Spiel für ihn zu Ende.

Und der Sinn?

Oft behalten Hunde den
Ball, wenn Sie ihnen nichts
Besseres zum Tausch anzu-
bieten haben, oder sie ler-
nen, dass dann lustige
Dinge geschehen.

Die stehende Position
beim Zerlegen erlaubt eine
schnelle Flucht.

Kauen oder Zerfetzen
beruhigt nach der
aufregenden Jagd.

Mein Hund kommt nicht zurück

Wenn ich meinen Hund rufe, tut er so, als ob er mich nicht hört, und läuft davon. Ich habe ihn als Welpe trainiert und er weiß, dass er mich damit in den Wahnsinn treibt. Was ist sein Problem?

Und der Sinn?

Ihr Hund bekommt einen längeren Spaziergang, wenn er Sie meidet. Außerdem werden Sie mit ihm schimpfen, wenn er kommt.

Sich davonschleichen und zögern, zurückzukommen

Zur Beschwichtigung Kopf und Schwanz gesenkt

Geschlossenes Maul, vorsichtig und angespannt

Schnüffeln zur Beschwichtigung und warten, dass sich Ihre Laune bessert

Was denkt sich mein Hund?

Ihr Hund bleibt lieber weg, bis Sie nicht mehr rufen und mit der Leine wedeln. Während Hunde wie Kinder in jungen Jahren ungeduldige Menschen zu beschwichtigen lernen, meiden sie später oft stressige Situationen, bis sich die Lage beruhigt hat. Vielleicht erkennt Ihr Hund auch an Ihrer Stimme, dass der Spaziergang zu Ende ist – also hat er es mit dem Zurückkommen nicht eilig! Sich zu ärgern bringt nichts – es ist Zeit, den Rückruf wieder zu trainieren.

Was soll ich tun?

Sofort:

* **Durchatmen und lächeln.** Es handelt sich um ein Kommunikations- und kein Autoritätsproblem. Ihr Hund reagiert auf Ihr Gesicht, also seien Sie fröhlich!
* **Gehen Sie weg** und rufen Sie Ihren Hund nicht mehr. Ändern Sie die Richtung und laufen Sie weg, um die Neugier Ihres Hunds zu wecken.

Langfristig:

* **Zurück zu den Grundlagen!** Üben Sie im Haus, Ihren Hund aus wenigen Metern Entfernung zu rufen, und belohnen Sie ihn mit Leckerli.
* **Halten Sie Ihren Hund** an einer 10 m langen Leine und fahren Sie mit dem gewaltfreien Training fort. Wenn er also nun im Park nicht

Ihren Hund zu beschimpfen, weil er nicht sofort zurückkommt, ist ein todsicherer Weg, Ihre Rückrufroutine zu ruinieren.

zurückkommt, haben Sie ihn mithilfe der Leine immer noch unter Kontrolle.

Nase an, Ohren aus

Oft, wenn ein Hund in der Welt der Gerüche gefangen ist, sind seine Ohren abgeschaltet, sodass er Sie nicht hört. Der Geruchssinn ist der wichtigste Sinn des Hunds und die Nase – wie die Augen bei uns – liefert eine detaillierte Sicht der Welt (S. 12–13). Hunde veranstalten über ihre Nasen wichtige „Chats" an Grasbüscheln, Mülltonnen und Laternenpfählen.

Mein Hund zieht an der Leine

Mein Hund zerrt an der Leine, kommt für ein Leckerli zurück, und zerrt wieder – er hat mich schon einmal fast auf die Straße gezogen! Ich habe verschiedene Halsbänder ausprobiert, doch er hört nicht auf!

Was denkt sich mein Hund?

Aus Sicht des Hundes ist die Leine seltsam. Zu Hause braucht er keine zu tragen, doch wenn Sie mit ihm irgendwo hingehen, binden Sie ihn damit an sich – und er hat keine Wahl, wohin es geht. Das Ziehen an der Leine ist das am meisten auftretende Problem.

Gewohnheitsmäßige Zerrer verderben den Spaziergang und reagieren schließlich aggressiv auf andere Hunde und Menschen. Ihr Hund möchte nicht mehr umhergezerrt werden als Sie – der Schlüssel zum Erfolg ist eine Mischung aus Training, Leckerli und Geduld.

Hecheln aufgrund von Stress oder Atemnot

Zug auf dem Halsband gibt das Gefühl, gefangen zu sein.

Ketten- und Zughalsbänder verursachen Schmerzen.

Oppositionsreflex

Hunde ziehen vor allem, um die Balance zu halten. Das wird als Oppositionsreflex bezeichnet. Sie sollten die Leine also locker halten und Ihren Hund mit Leckerli zum Folgen bringen, damit er nicht gegen Sie arbeitet. Doch wenn der Hund nach hinten zieht, hat ihn vielleicht etwas vor Ihnen erschreckt. Ruinieren Sie nicht Ihre Beziehung, indem Sie ihn dorthin zerren.

Spannung auf der Leine durch Hochhalten

Und der Sinn?

Hunde ziehen, weil sie schnell irgendwo hin oder von irgendetwas weg wollen. Vielleicht meinen sie auch, dass die Leine auf diese Weise funktioniert.

Angespannter Schwanz: erregt und frustriert

Angespannte Beine im Oppositionsreflex

Was soll ich tun?

Stellen Sie das Vertrauen wieder her. Üben Sie mithilfe von Leckerli das Bei-Fuß-Gehen ohne Leine.

Belohnen Sie Gehen mit Gehen. Wenn Ihr Hund zerrt, bleiben Sie stehen und warten, bis er zurückkommt. Gehen Sie wieder los und belohnen ihn, wenn er bei Ihnen bleibt.

Jeder Schritt, den Sie machen, während Ihr Hund zieht, ist eine Belohnung für ihn. Seien Sie einen Monat lang konsequent, auch wenn das kürzere Spaziergänge bedeutet.

Belohnen Sie nicht nur mit Leckerli, sondern auch mit Schnüffelstellen oder anderen Hunden. Zeigen Sie, dass diese Belohnungen an der lockeren Leine zugänglich sind.

Gehen Sie nur Gassi, wenn Sie Zeit haben, sodass Sie ihren Hund nicht ziehen lassen, weil Sie es eilig haben.

Wenn Sie schimpfen und den Hund an der straffen Leine halten, ermuntern Sie ihn zum Ziehen. Bei Ihnen zu sein macht ihm dann keinen Spaß.

Mein Hund hasst sein Geschirr

Mein Hund liebt es zu laufen. Warum flüchtet er dann, wenn ich das Geschirr hole? Habe ich es ihm angelegt, wirkt er, als ob er das Laufen verlernt habe.

Was denkt sich mein Hund?

Hunde dürfen frei umherlaufen, doch wenn es Zeit zum Gassi gehen ist, schieben wir ihren Kopf und ihre Füße plötzlich in ein einengendes Geschirr! Das ist ein Eindringen in ihren persönlichen Freiraum, sodass es nicht überrascht, dass der Hund sich verweigert und mit dem seltsamen Gefühl auf dem Rücken erstarrt. Es ist wichtig, dass Ihr Hund das Zubehör liebt. Für einen empfindsamen Hund ist das der Unterschied zwischen einem ruhigen und einem stressigen Spaziergang.

Geschirr-Training

Setzen Sie Ihren Hund nicht unter Druck, und lassen Sie ihn weggehen, wenn er will. Drei bis vier Trainingseinheiten sind notwendig.

- **Legen Sie das Geschirr** (oder Mantel, Maulkorb usw.) auf den Boden und legen Sie Leckerli drumherum. Wenn er sie frisst, nehmen Sie das Geschirr auf und loben ihn.

Und der Sinn?

Das Weglaufen, Knurren oder sogar Spielen können zeigen, dass Ihre Körpersprache und Ihre Handlungen Ihren Hund ängstigen.

- **Reichen Sie** ihm ein Leckerli durch die Kopföffnung des Geschirrs. Wiederholen Sie das zehnmal.
- **Ziehen Sie Ihre Hand zurück,** damit der Hund den Kopf durch das Geschirr stecken muss. Nehmen Sie es wieder ab und gehen Sie weg. Wiederholen Sie das zehnmal.
  Tipp: Machen Sie daraus ein lustiges Spiel beim Joggen, bei dem der Hund Sie zuerst jagt.
- **Legen Sie das Geschirr** auf seinen Rücken, während er frisst.
- **Verteilen Sie Leckerli** auf dem Boden und legen Sie ihm das Geschirr an, während er frisst.

Geschirre, Kleidung, Halsbänder und Maulkörbe müssen so gefertigt sein, dass sie vom Hund bequem und selbstbewusst zu tragen sind.

Warum ist ein Geschirr sinnvoll?

Ein Geschirr schützt den empfindlichen Hals des Hunds. Der Hals enthält Lymphknoten, Speicheldrüsen und die wichtige Schilddrüse, die mit ihren Hormonen unter anderem die Kampf-, Flucht- und Entspannungsreaktionen regelt.

Wiederholt Druck mit Zughalsbändern auf den Hals auszuüben oder mit der Leine am Halsband zu reißen kann wichtige Drüsen beschädigen, Halswirbel brechen und die Luftröhre abschnüren.

Zusammengekauerte Körperhaltung als Überlebensstrategie

Wegdrehen bedeutet: „Ich will keinen Ärger."

Blick dient der Beschwichtigung.

Schwanz bedeckt die Analdrüsen.

Zurückgelegte Ohren in Fluchtposition

Geschlossenes Maul und Kiefer deuten auf Spannung hin.

173

Mein Hund hasst Menschen

Ich habe meinen Hund im Alter von sechs Monaten bekommen und er muss schlecht behandelt worden sein – er hasst Menschen. Er knurrt oder bellt Gäste an, läuft weg und versteckt sich.

Was denkt sich mein Hund?

„Lass mich in Ruhe", „Ich brauche Platz", „Ich kann euren Geruch nicht ausstehen" oder „Ihr tragt seltsame Sachen" – auf jeden Fall fühlt sich der Hund nicht wohl und benötigt Ihre Hilfe. Hunde können Menschen fürchten, weil sie es von ihren Hunde- oder Mencheneltern gelernt haben, zu wenig menschliche Kontakte im prägenden Alter von 8–16 Wochen hatten oder weil sie jemand in der „Angstphase" im Alter von meist 17–20 Wochen erschreckt hat. Ängstliches Meiden kann schnell in Aggressionen umschlagen. Aber Hunde lernen ständig, und Sie können ihnen helfen, unabhängig vom Alter eine positivere Einstellung zu Menschen bekommen.

Wenn wir beweisen wollen, dass wir unseren „unfreundlichen" Hund im Griff haben, wird er sich zurückziehen und Sie stattdessen fürchten.

Was soll ich tun?

Sofort:

- **Entfernen Sie Ihren Hund.** Mit ihm zu schimpfen macht ihn nur noch nervöser.
- **Verbinden Sie den Besuch** von Leuten, die Ihr Hund nicht mag, mit etwas Schmackhaftem oder einer Belohnung, damit seine Emotionen zum Positiven gelenkt werden.

Langfristig:

- **Achten Sie** auf frühe Warnzeichen. Lassen Sie den Hund sich rechtzeitig zurückziehen, bevor es zu aggressivem Verhalten wie Knurren kommt (S. 150–151).
- **Gehen Sie nicht mit dem Hund zur Tür,** vor allem nicht, wenn Sie ihn am Halsband halten – sonst verbindet er die grobe Behandlung mit der Ankunft fremder Personen. Sie können ihn auch vorher in einen anderen Raum führen (S. 96–97).
- **Bitten Sie die Besucher,** Ihren Hund nicht anzustarren oder zu streicheln. In der Öffentlichkeit schreckt auch ein Maulkorb aufdringliche Menschen ab.

Auslöser beachten

Es ist leicht, das Verhalten Ihres Hunds misszuverstehen. Schnappt ein Hund nach jemandem, der Hallo sagt, muss er kein „Menschenhasser" sein. Die Reaktion könnte auch von einer Folge von Ereignissen ausgelöst werden. Der Hund mag sich gern von drei Leuten streicheln lassen, aber eine vierte Person ist dann ein Auslöser zu viel, sodass er schnappt (S. 24–25 und 26–27).

Seitlich angelegte Ohren: Die Person sollte nicht zu nah kommen.

Augen auf die Gefahr gerichtet

Und der Sinn?

Es geht um angstgesteuerte Flucht, Vermeidung oder Aggression. Beachten Sie, was vorher oder nachher geschehen ist, um den Auslöser zu finden (S. 22-23).

Geduckte Haltung: „Sieh mich nicht an!"

Möbel als Schutz vor einem Angriff

Im Auto

Ganz gleich, wohin Sie fahren wollen – es ist wichtig, dass Sie Ihren Hund sicher unterbringen und ihn an das Autofahren gewöhnt haben, damit er sich wohlfühlt.

1
Gewöhnung

Gewöhnen Sie Ihren Hund langsam an das Aussehen, den Geruch, die Geräusche und die Bewegung des Autos – anfangs nur wenige Minuten lang. Unternehmen Sie kurze Fahrten mit vielen Leckerli. Das Innenohr ist bei Welpen noch nicht voll entwickelt, sodass sie leicht reisekrank werden und unangenehme Fahrten nicht so schnell vergessen!

2
Transportbox

Hunde müssen bei der Fahrt gesichert werden, am besten in einer Transportbox, damit sie Sie nicht ablenken oder im Fall eines Unfalls zur Gefahr für sich und andere werden. Trainieren Sie die Benutzung der Box mithilfe von Leckerli zu Hause, im Garten und schließlich im Auto. Benutzen Sie eine Rampe, wenn es notwendig sein sollte.

3
Reisekrankheit lindern

Lassen Sie reisekranke Hunde aus dem Fenster sehen und öffnen Sie eins, damit sie von den Gerüchen der Frischluft abgelenkt werden. Lavendel und Kamille sind beruhigend und Kohletabletten wirken gegen Erbrechen. Schimpfen Sie nicht, falls Ihr Hund im Auto erbricht oder kotet.

4
Wählen Sie ein tolles Ziel!

Ihr Hund sollte das Auto mit Spaß in Verbindung bringen. Die Fahrt zum Tierarzt oder zur Hundepension wird eher abschreckend wirken. Planen Sie lange Fahrten gut, damit Sie genügend Pausen vorsehen können, und wählen Sie tolle Ziele wie Strände oder Spazierwege.

Mein Hund will nicht allein sein

Es bricht mir das Herz, wenn ich meinen Hund alleinlassen muss. Er jault, kratzt an der Tür und hinterlässt einen Protest auf dem Teppich, doch ich muss arbeiten.

Heulen ist ein Laut, der weit tragen soll.

Anspannung und Unwohlsein

Stresspinkeln als Zeichen von Adrenalin und Angst

Schwanz tief und zusammengekauerter Körper

Was denkt sich mein Hund?

„Wann werde ich dich wiedersehen?", denkt sich der Hund, wenn sich die Tür schließt. Er ist ein soziales Wesen und braucht Sie zum Überleben, sodass er eine kleine Panikattacke bekommt, wenn er allein bleibt. Er mag bellen, heulen, pinkeln und die Tür zerkratzen. Das ist kein schlechtes Benehmen, sondern ein Hilferuf. Es braucht Beharrlichkeit, aber Sie können die Trennungsangst verringern, insbesondere mit einem auf Verhaltensfragen spezialisierten Trainer.

Was soll ich tun?

Üben Sie die Trennung langsam, besonders mit Welpen oder Tierheimhunden. Sie benötigen zwei Trainingsmonate, bevor Sie Ihren Hund drei bis fünf Stunden lang alleinlassen können.

Führen Sie eine Routine ein.

Bringen Sie Ihren Hund dazu, sich auf einer Matte getrennt von Ihnen zu entspannen. Dann lassen Sie ihn nach Spaziergängen mit einem Futterspielzeug zehn Minuten lang in seinen mit einem Absperrgitter versehenen „Schlafraum". Steigern Sie die Zeit jeden Tag um fünf Minuten.

Sie müssen in der Nähe sein,

sodass sie zurückkehren und Ihren Hund für das Ruhigsein, das Hinlegen oder das Spielen loben können. So

Ein zweiter Hund kann die Einsamkeit des ersten nicht lindern. Hat er sich an Sie gebunden, wird er Sie trotzdem nicht gern gehen sehen.

lernt er, was er für Ihre Rückkehr tun muss, und verliert seine Angst.

Wenn Ihr Hund schließlich alleingelassen werden kann, hilft es ihm, wenn er gefüttert wurde, sich bewegt hat und belohnt wurde. Hunde entspannen sich am besten in ihrem Schlafraum. Benutzen Sie keine Box, wenn der Hund sie nicht selbst wählt.

Gehen Sie in Ruhe. Abschiedsszenen erregen den Hund noch mehr.

Frustration oder Panik?

Es ist normal, dass Hunde sich beim Lernen der Trennungsroutine frustriert fühlen. Die Trennungsangst ist zum Teil eine Einsperrungsfrustration und zum Teil die Furcht vor dem Verlassenwerden. Ein frustrierter Hund kann aber noch lernen. Kehren Sie nicht zurück, wenn er winselt. Doch ein Hund im Panikmodus versteht nichts mehr, sodass Sie zurückkehren müssen. Reagieren Sie entsprechend (S. 12–13).

Mein Hund hasst Bad und Bürste

Mein Hund springt gern in eine Pfütze oder einen Fluss, aber er hasst es, wenn ich ihn bade, und im Hundesalon flippt er aus und versucht zu beißen.

Was denkt sich mein Hund?

„Zeit für ein Bad!" verursacht beim mutigsten Tier Panik, und Ihr Hund hasst den Hunde-salon ohnehin. Aus seiner Perspektive ist es eine Kammer des Schreckens. In einem Moment ruht er sich auf der heimischen Couch aus und im ande-ren steht er auf einem Tisch und ist von Scheren, Bürsten, Wasserschläuchen und stinkenden Shampoos umgeben! Die Fellpflege ist eine soziale Aktivität für Hunde, und sie sollte so vorsichtig und entspannt wie möglich stattfin-den. Sie kann sowohl für Sie als auch für Ihren Hund ein spannendes Erlebnis sein, wenn Sie ihn davon überzeugen können, auch den Hundefriseur zu lieben!

Harte Augen: „Ich meine es ernst!"

Ohren zurückgelegt in die Richtung des Rückzugs

Zähne zeigen, dass der Hund beißen könnte

Seitliche Position: „Ich gehe, wenn du auch gehst!"

Schwanz bedeckt die Analdrüsen.

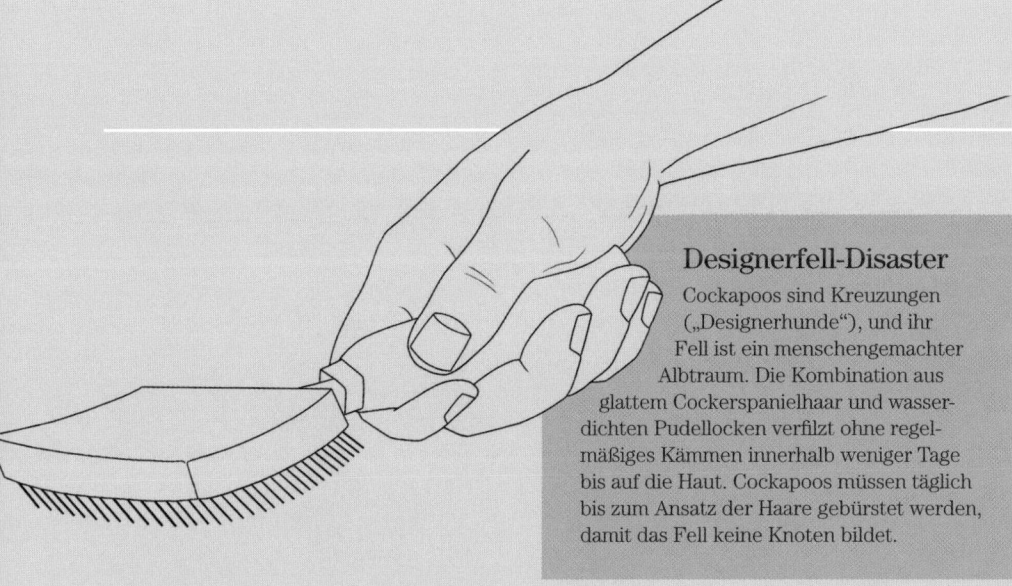

Designerfell-Disaster

Cockapoos sind Kreuzungen („Designerhunde"), und ihr Fell ist ein menschengemachter Albtraum. Die Kombination aus glattem Cockerspanielhaar und wasserdichten Pudellocken verfilzt ohne regelmäßiges Kämmen innerhalb weniger Tage bis auf die Haut. Cockapoos müssen täglich bis zum Ansatz der Haare gebürstet werden, damit das Fell keine Knoten bildet.

Was soll ich tun?

Sofort:

Wenn der Hund beim Friseur ausflippt, lassen Sie ihn sich zu Hause beruhigen. Wenn Sie ihren Hund zwingen, sich kämmen zu lassen, oder ihn bestrafen, weil er aggressiv geworden ist, ruinieren Sie seine Bindung zu Ihnen und lehren ihn, sich beim nächsten Mal noch schneller zu widersetzen. Zu Hause sollten sie mit der Fellpflege aufhören, wenn Sie Unwohlsein oder Stress bemerken (S. 150–151), und erst wieder damit beginnen, wenn Ihr Hund bereitwillig mitmacht.

Und der Sinn?

Ein Hund, der fliehen möchte oder zwickt, ist zuvor unsensibel behandelt worden oder fühlt sich wegen seines verfilzten Fells nicht wohl (S. 150–151).

Langfristig:

- **Desensibilieren** Sie Ihren Hund gegenüber dem Baden und der Fellpflege, indem Sie viele kurze Sessions, Leckerli und Spielpausen anbieten, um seine Furcht zu reduzieren.

- **Ein auf Verhalten** spezialisierter Trainer kann den Prozess wieder von Anfang an starten, den Hund berühren und loben, während er die kritischen Zonen (Ohren, Nacken, Hinterteil, Füße) anfasst, bevor er das Fellpflegezubehör holt.

- **Eine Leckerli-Matte** oder Futterspielzeug geben Ihrem Hund während der Fellpflege etwas zu tun und lassen die Hände frei für die Arbeit.

Tierarzt und Friseur

Sie sollten Ihrem Hund beibringen, was von ihm beim Tierarzt und beim Hundefriseur erwartet wird, und seinen Stress mildern, anstatt ihn in aller Eile „fertigzumachen".

1
Testläufe
Nehmen Sie Ihren Hund einige Male zum Tierarzt und Friseur mit, um eine Beziehung aufzubauen, bevor er tatsächlich behandelt werden oder einen Fellschnitt bekommen muss.

2
Vorsichtig!
Üben Sie mit Ihrem Hund, dass die Berührung verschiedener Körperteile Spaß machen kann. Beobachten Sie, ob die Körpersprache Stress verrät, und hören Sie auf, wenn eine Pause nötig ist.

3
Der Richtige
Suchen Sie einen Hundefriseur, der keine Gewalt anwendet und sich die Zeit nimmt, einfühlsam zu arbeiten. Wird in Eile gearbeitet, können Hunde lernen, nervös und aggressiv zu reagieren.

4
Maulkorbpflicht
Sie können Ihrem Hund zu Hause beibringen, dass er die Schnauze gern in einen Maulkorb steckt (S. 172–173). Manche Tierärzte bestehen nämlich bei unangenehmen Untersuchungen auf einem Maulkorb, und Sie machen es Ihrem Hund viel leichter, wenn Sie ihn auf diese Weise schon vorher darauf vorbereitet haben.

5
Ablenkung mit Tricks
Lehren Sie Ihren Hund Tricks wie „Berühre!" (mit der Nase), „Kinn" (das Kinn gegen Ihre Hand oder auf eine Oberfläche legen) oder „Down!" (flach hinlegen) und lassen Sie ihn Teile des Körpers präsentieren. Wenn der Hund sich auf den Trick konzentriert, lässt er sich weniger von Stethoskopen oder Krallenscheren ablenken.

Register

Abgebildete Hunderassen

Lesenswertes

Weitere Literatur

Dogwatching –
Die Körpersprache des Hundes
Desmond Morris

Hundeverstand John Bradshaw

Behavior Adjustment Training 2.0:
Verhaltensanpassungstraining
Grisha Stewart

Was denkt der Hund?
Wie er die Welt wahrnimmt – und uns
Alexandra Horowitz

Hund – Nase – Mensch:
Wie der Geruchssinn unser Leben beeinflusst
Alexandra Horowitz

Hundeverhalten Barbara Handelman

Ausdrucksverhalten beim Hund Dorit Urd
Feddersen-Petersen

Hundeverhalten: Körpersprache und Aus-
drucksweise erkennen und verstehen Heike
Schmidt-Röger und Susanne Blank

Körpersprache des Hundes Frauke Ohl

Körpersprache von Hund und Mensch
Johanna Esser

Online

www.pawfectdogsense.com

www.amplifiedbehaviour.com Beratende
Video-Plattform

https://hund.info/die-koerperspra-
che-des-hundes.html Überblick mit Hinweisen und Tipps zum eigenen Verhalten

https://www.adaptil.com/de/hund/Koerper-
sprache-beim-Hund-verstehen Kurze Videos
und Zeichnungen

https://welttierschutz.org/koerperspra-
che-von-hunden-richtig-deuten Zeichnungen
mit klaren Erklärungen

https://vetevo.de/blogs/ratgeber/koerperspra-
che-hunde-deuten Ausführlicher Überblick

Einen Hundetrainer finden

Anmerkung der Autorin: Es ist unerläss-
lich, einen auf das Verhalten von Hunden
spezialisierten Trainer zu finden, der zwang-
freie Techniken und positive Trainingsme-
thoden anwendet und über eine umfangreiche
Berufserfahrung verfügt. Für „Hundever-
haltenstrainer" gibt es im deutschsprachigen
Raum noch keine offiziellen Vorgaben, daher
ist es schwierig, die Qualität von Trainern zu
beurteilen.

Ein qualifizierter Verhaltenstrainer für Hunde
sollte einen Hochschulabschluss oder eine
entsprechende Qualifikation im Training von
Tieren oder Hunden und mindestens ein Jahr
praktische Erfahrung mit mehr als 100 Hunden haben sowie die lerntheoretischen
Prinzipien der Psychologie beherrschen.
Hunde lernen durch Konditionierung: Ein
qualifizierter Trainer wird Lösungen anbieten,
die positive Verstärkung, Desensibilisierung
und Gegenkonditionierung beinhalten, und
schmerz- und angstfreie Trainingstechniken
bevorzugen. Wer versucht, ein Problem wie
etwa Aggression in nur einer Sitzung zu
„beheben", bevor er sich das Verhalten des
Hunds genau angesehen hat, oder wer eine
veraltete Leithund-Rolle spielen will, hat
keine ausreichende Ausbildung und wird die
Lernfähigkeit Ihres Hundes beeinträchtigen.
Hunde lernen nicht, indem sie „starken" Füh-
rern folgen. Lassen Sie sich nicht durch ein
autoritäres Auftreten einschüchtern. Erkundi-
gen Sie sich bei anderen Hundebesitzern, wie
der Trainer mit ihren Hunden umgeht, bevor
Sie ihm Ihren Hund anvertrauen. Sehen die
trainierten Hunde entspannt, glücklich und
selbstbewusst aus? Auch wenn sie scheinbar
gehorchen, führt der harte Umgang mit Hunden dazu, dass sie verschlossen und ängstlich
werden. Dieser Ansatz hat in der heutigen
Hundeerziehung keine Berechtigung.

Quellenangaben

12 Kommunikation mit dem Geruchssinn

Horowitz, A.: **Was denkt der Hund?**
Wie er die Welt wahrnimmt – und uns
Spektrum Akademischer Verlag, 2010

38 Mein Hund erkennt die Uhrzeit

Horowitz, A.: **Hund – Nase – Mensch:**
Wie der Geruchssinn unser Leben beeinflusst
Kynos, 2017

58 Mein Hund frisst Gras

Sueda K L C, Hart B L & Cliff, K D: Characteri-
sation of plant eating in dogs. **Applied Animal**
Behaviour Science 111, Issues 1–2 (2008),
S. 120–132. https://doi.org/10.1016/j.appla-
nim.2007.05.018

72 Mein Hund bettelt beim Essen

Kaminski J, Waller B M, Diogo R, Hartstone-Rose
A. & Burrows A M: A. Hartstone-Rose & A. M. Burrows: Evolution of facial muscle anatomy in dogs.
Proceedings of the National Academy of Sciences
of the United States of America (PNAS) 116, 29
(2019), S. 14677–14681.
https://www.pnas.org/content/116/29/14677

136 Krankheitsanzeichen

Bécuwe-Bonnet V, Bélanger M C, Frank D,
Parent J & Hélie P: Gastrointestinal disorders
in dogs with excessive licking of surfaces.
Journal of Veterinary Behavior 7, 4 (2012),
S. 194–204.
https://doi.org/10.1016/j.jveb.2011.07.003

Dank

Dank der Autorin

Dieses Buch zu schreiben war eine Freude. Ich
möchte der verstorbenen Dr. Sophia Yin dafür
danken, dass sie mich dazu inspiriert hat. Danke,
Temple Grandin, dass Sie der Teenagerin Hannah
bewiesen haben, dass man die Welt verbessern
kann. Danke, ihr Hunde in der Medizin, dass ihr
bewiesen habt, dass Hunde Krebs riechen können,
und dass ihr den Verlauf meines Lebens verändert
habt. Danke an meine Eltern, die mir immer
gesagt haben, dass ich alles tun kann, was ich
mir vornehme. Danke, Dogs Trust, dass ihr mich
zu Kursen geschickt habt und mir geholfen habt,
meinen Blick auf Prävention statt auf Heilung
zu richten. Danke an diejenigen, die behauptet
haben, dass ich das nicht kann. Ich danke DK, Red
Sky Productions und Channel 4, die der Meinung
waren, dass ich es kann. Vielen Dank an Alastair
und Andrea im Lektorat sowie Alison in der Herstellung für Ihre Geduld und Ihre positive Einstellung. Danke an den Stadtrat von Birmingham, dass
ich zehn Jahre lang Hunde in öffentlichen Parks
trainieren durfte. Vielen Dank an jeden einzelnen
von meinen Kunden für ihr Vertrauen, ihre Unterstützung und ihren Zuspruch. Vielen Dank, Chloe,
meine Freundin, dafür, dass du mein beständigster
Fan bist. Danke dem Terrier Max, dass du meine
beste Unterstützung bist. Danke, Fuchur, mein
Hund, dass du mich Bescheidenheit und Mensch-
lichkeit gelehrt hast. Danke an das gesamte Team
von Pawfect Dogsense. Sie alle sind bestrebt, die
Zukunft des Hundewohls zu verbessern. Danke,
Gott, dass du mir eine so klare Berufung und
einen Job gegeben hast, der mir täglich tiefe
Freude bereitet. Und ich danke allen Hunden,
dass sie die geduldigsten, verständnisvollsten und
verzeihendsten Lehrer sind, die ich und jeder, der
dieses Buch liest, jemals haben werden.

Dank des Herausgebers

Dorling Kindersley dankt Marie Lorimer für die
Erstellung des Registers.

Über die Autorin

Hannah Molloy ist eine auf das Verhalten spezialisierte Hundetrainerin und Geschäftsführerin von Pawfect Dogsense CIC und Amplified Behaviour. Ihre Unternehmen bieten individuell ausgearbeitete Schulungen für Tierbesitzer, Rettungsdienste, Tierärzte und Tierhandlungen an, bei denen Techniken der positiven Verstärkung und des angstfreien Umgangs eingesetzt werden. Hannah hat mehr als 15 Jahre lang Hunde studiert und mit ihnen gearbeitet. Sie hat einen BSc Honours in Ethologie (Verhaltensforschung) erworben (ihre Arbeit ist im Applied Animal Behaviour Science, dem Journal der International Society for Applied Ethology,

veröffentlicht worden). Sie arbeitete in Tierheimen und Zoos sowie als Ausbildungs- und Verhaltensberater für Dogs Trust, Großbritanniens führende Wohltätigkeitsorganisation für Hunde. Ihr besonderes Interesse gilt der Körpersprache von Hunden, der kulturellen Einstellung zum Hundebesitz und der Mensch-Hund-Beziehung. Hannah war regelmäßig Gast bei der BBC und ist außerdem als Verhaltensexpertin bei Puppy School, einer Fernsehserie im Channel 4, zu sehen.

Hannah setzt sich für die Verbesserung des Tierschutzes ein und hat zahlreiche Bildungsprogramme entworfen, die in Hochschulen, Tierhandlungen, Tierheimen und Tierarztpraxen

eingesetzt werden. Zu ihrer aktuellen pädagogischen Arbeit gehören die Beratung bei einem Programm zur Verhinderung von Hundebissen und die Lancierung eines Hundeerziehungsprojekts mit dem langfristigen Ziel, kostenlose Hundetrainingskurse und Verhaltensunterstützung für Hundebesitzer mit geringem Einkommen anzubieten.

In ihrer Freizeit beschäftigt sich Hannah mit ihrem Hund Falkor.

Über den Zeichner

Mark Scheibmayr ist ein auf Tiere spezialisierter Illustrator aus Toronto (Kanada). Da er viel Zeit mit dem Zeichnen von Hunden verbringt und stolzer Mitbesitzer eines Tierheim-Hunds ist, ist er sowohl in der Beobachtung als auch in der Illustration der Hundekommunikation geübt. Mark arbeitet für die Website DobbernationLOVES und liefert Illustrationen für den DK-Verlag und den kanadischen Onlinehändler Chapters Indigo. Weitere Illustrationsarbeiten umfassen Kampagnen für die Stadt Milton und Arbeiten für die Ausstellung des Markham Museum. Weitere Arbeiten finden Sie unter **markscheibmayr.com**.

Bildnachweis

Der Verlag dankt folgenden Personen und Organisationen für die freundliche Genehmigung zum Abdruck von Fotos:
25 123RF.com: Oleksiy Boyko. 36 **Getty Images:** DanBrandenburg/E+. 44 **Alamy Stock Photo:** Laine Neimane. 52 **Elisa Storch.** 60 **Alamy Stock Photo:** Sam Dawson Photography. 68 123RF.com: tanya69. 78 **Alamy Stock Photo:** alexei_tm. 86 **Alamy Stock Photo:** imageBROKER. 96 **Alamy Stock Photo:** Ken Gillespie Photography. 108 **Paul Dykes.** 130 **Alamy Stock Photo:** Lee Hudson. 142 123RF.com: soloway. 150–51 Adapted with permission from the **BSAVA Manual of Canine and Feline Behavioural Medicine**, 2nd edition © BSAVA/Dr Kendal Shepherd; www.kendalshepherd.com. 156 **Dreamstime.com:** Anna Utekhina. 164 123RF.com: Erin McCorkle. 176 123RF.com: Andriy Popov. 182 123RF.com: belchonock. 192 **Hannah Molloy:** (oben rechts) **Mark Scheibmayr:** (unten links).
Cover: *Vorn:* **Getty Images:** mrs.
Alle anderen Bilder © Dorling Kindersley.
Weitere Informationen: www.dkimages.com

Noch mehr zu den Themen Tier und Natur

978-3-8310-4028-5
19,95 € [D] / 20,60 € [A]

978-3-8310-3784-1
19,95 € [D] / 20,60 € [A]

978-3-8310-3905-0
19,95 € [D] / 20,60 € [A]

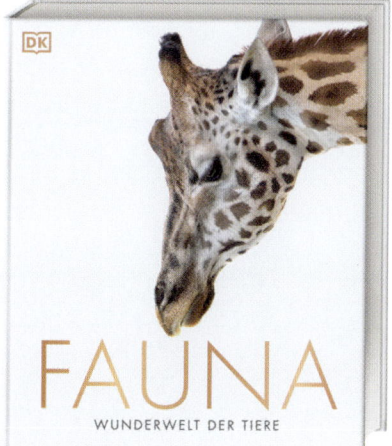

978-3-8310-4027-8
39,95 € [D] / 41,10 € [A]

www.dk-verlag.de